膜下滴灌大豆光合速率测定

膜下滴灌大豆苗期生长情况

天业化工生态园膜下滴灌大豆超高产示范田

膜下滴灌大豆生长期气象数据测定与收集

膜下滴灌大豆科研项目田间技术鉴定与评价

膜下滴灌大豆机械化收获

现代节水高产高效农业

膜下滴灌大豆栽培

宋晓玲 银永安 主编

中国农业出版社

北 京

前　言

　　中国是世界油料生产大国，油菜籽、花生、棉籽、芝麻的产量均居世界第一位，大豆、葵花籽的产量也是名列前茅。同时，中国也是食用油消费大国，按世界10种主要食用油的国家消费量排序依次是中国、印度、美国，这一顺序与人口排位相一致。我国是一个食用油紧缺的国家，食用油长期依赖国外进口，对外依存度较高，国产食用油在本国市场上缺乏主动权和话语权。随着国民经济和人民生活水平的快速提高，食用油的消费增长不断提高，但与之不相称的现实是，国内油料生产发展缓慢，食用油自给率逐年下降，供求紧张的矛盾将会长期存在。

　　我国是世界上最早栽培大豆的国家，距今已有五千多年栽培历史。作为原产国，中国大豆曾经享誉世界，对保障油料作物生产安全有着重要意义。然而，2012年以来，我国的大豆市场遭遇波动，进口大豆的数量迅速增加，对外依存度超过80％。大豆油中富含卵磷脂和不饱和脂肪酸，易于消化吸收。卵磷脂被誉为与蛋白质、维生素并列的三大营养素之一，可以增强脑细胞活性，帮助维持脑细胞的结构，减缓记忆力衰退；不饱和脂肪酸可以降低胆固醇。

　　新疆天业（集团）有限公司自主研发的膜下滴灌大豆栽

培技术是一项绿色生态大豆栽培方法。该技术不仅高效节水、降低能耗、全程可控，还可以有效利用新疆大面积的沙质荒漠。当前，该技术已在新疆累计示范推广超过 200 万亩，经济、生态、社会效益可观。该技术大面积示范推广能有效缓解我国目前大豆消费的缺口，对于稳定油料作物市场有着积极的作用。

本书以新疆天业（集团）有限公司在膜下滴灌大豆栽培技术方面的创制与研发成果为基本素材，总结汇聚了本公司科研人员在膜下滴灌大豆栽培方面的多年经验。全书以章节形式编写，内容涵盖了膜下滴灌大豆的生态需求、需水规律、需肥规律等内容。本书出版得到新疆兵团第八师石河子市专利运用与产业化项目"一种沙质荒漠大豆膜下滴灌丰产栽培方法的应用推广（2019ZSCQ-CYH-08）"和第八师石河子市科技攻关项目"油料作物滴灌高产栽培技术研究"的资助。中国农业出版社等单位对本书撰写提供了宝贵建议，在此一并表示感谢！

本书力求服务基层一线，技术可操作性强，通俗易懂，可作为农业高校师生膜下滴灌大豆栽培教学参考用书，也可作为全国农业科研技术单位膜下滴灌大豆栽培指导用书。希望本书的出版能给读者带来膜下滴灌大豆的新思路、新方法和新理念，也希望农业生产部门能结合本地种植习惯，在大豆种植技术方面有所创新和突破。

鉴于作者水平和时间限制，书中有些问题论述不够深入，疏漏之处在所难免，恳请广大读者不吝指正。

编　者

2021 年 3 月

目　录

第一章　绪　　论

第一节　世界大豆栽培发展过程

世界主要大豆生产国家 1995—2004 年平均单产情况：美国为 2.512 t/hm²、巴西为 2.507 t/hm²、阿根廷为 2.39 t/hm²、中国为 1.740 t/hm²。这说明我国大豆单产相对低。

由于世界大豆总消费量增加，用大豆生产生物柴油的数量也在增加，大豆生产的总量满足不了需要，2007 年底全球大豆库存下降了 1 534 万 t，为 4 732 万 t，大豆及其制品的价格不断上涨。

大豆起源于中国，从中国大量的古代文献可以证明。尔后经由韩国传到日本，即由素食者将豆腐带到日本使其盛行。目前，日本有三万多家豆腐店，每人每年摄食豆腐 20 多 kg。有人认为，长期食用豆腐是日本成为世界最长寿的国家的原因之一。大豆进而再传到欧洲、美国、南美洲等地，并在美国发扬光大，使美国成为世界的大豆王国。在美国，大豆因应用广泛，而被称为神奇的豆（miracle bean）。目前，大豆除了直接食用外，大豆油亦是世界上使用最多的食用油脂，提油后所剩的大豆粕是世界上最大宗的植物性蛋白，为畜禽、水产养殖不可或缺的饲料原料。1920—1930 年，"美国大豆之父" H. A. Horvath 尽力推广种植大豆，并于 1925 年创立国家大豆生产者协会（The National Soybean Growers' Association，为 American Soybean Association 的前身），更加促进了大豆有效生产，使美国大豆大放异彩。1917 年，美国大豆种植面积仅为 2 万多公顷，而到了 1931 年，其种植面积增加了 70 倍。目前，美国大豆年产量已超过 1 亿吨，约占世界产量的一半。

在美国，人们因健康需求而拓展大豆蛋白、植物性大豆油食品用途，诸如精制食用大豆粉（全脂或脱脂），浓缩大豆蛋白、分离大豆蛋白、组织状大豆蛋白等，以获得健康与营养。在食用油脂方面，大豆油占所有食用油 80％以上的市场并能开发附加价值高的副产品，如大豆卵磷脂、维生素 E 等作为食品或药品。如此，大豆已成为世界上最丰富而价廉物美的蛋白质与油脂资源，是具有高经济性与高营养性的农作物。

在日本北部和朝鲜北部，由于耕作条件优良和传统副食的需要，日本北部和朝鲜北部大豆的百粒重一般在 22～35 g，有些品种达 42 g。

在东南亚地区，主要种植小粒类型，特别是小黑豆类型比较适应此地区高温、多雨、光照短的气候特点，百粒重大都在 8～14 g。

在巴西，大豆主产区处于南纬 20～23 ℃的热带和亚热带，多实行一年一熟制，11～12 月播种。大豆生长季节多为高温多雨天气，日照时数短。因此，适应的品种百粒重多在 12～15 g。

第二节　我国大豆种植历史及区划

大豆，也称为黄豆，系豆科一年生草本植物。大豆起源于中国，从中国大量的古代文献可以证明。《史记》头一篇《五帝本纪》中写道："炎帝欲侵陵诸侯，诸侯咸归轩辕。轩辕乃修德振兵，治五气，艺五种，抚万民，度四方"。郑玄曰："五种，黍稷菽麦稻也。"《史记》中写道："铺至下铺，为菽"，由此可见，轩辕帝时已种菽。朱绍侯主编的《中国古代史》中谈到商代经济和文化的发展时指出："主要的农作物，如黍、稷、粟、麦（大麦）、来（小麦）、秕、稻、菽（大豆）等都见于《卜辞》"。卜慕华指出："以我国而言，公元前 1000 年以前殷商时代有了甲骨文，当然记载得非常有限。在农作物方面，辨别出有黍、稷、豆、麦、稻、桑等，是当时人民主要依以为生的作物。"《全上古三代秦汉三国六朝文》卷一中指出："大豆生于槐。出于沮石之峪中。九十日华。六十日熟。凡一百五十日成，忌于卯。"早在数千年前，大豆在中国最先栽培，将它作为食物并发现其营养价值而供为食品蛋白质的来源，神农把大豆列为五谷之一，古代中国药草家也提及它的某些药效，诸如对肾病、皮肤病、脚气病、腹泻、血毒病、便秘、贫血症等的治疗。

大豆在我国分布很广，东起海滨，西至新疆，南起海南，北至黑龙江，除个别海拔极高的寒冷地区以外均有种植。年 $\geqslant 10$ ℃积温 $1\,900$ ℃以下、年降水量在 $250\,mm$ 以下无灌溉设施的地区很难种植。大豆作为我国最重要的农作物之一，种植几乎遍及全国。自 20 世纪 80 年代以来，我国大豆年产量一直保持在 $1\,000$ 万 t 左右。直到 1993 年，我国大豆的播种面积出现飞跃性增长，达 945.4 万 hm^2，产量达 $1\,530.7$ 万 t。1994 年，我国大豆产量第一次达到 $1\,600$ 万 t，此后几年，大豆生产量徘徊不前。

我国大豆产量位居世界第四位，2017 年大豆种植面积增加。2017 年全国大豆产量为 $1\,300$ 万 t（图 1-1）。分地区来看，2016—2017 年东北三省大豆面积占 40.8%。全国大豆平均单产为 120 kg/亩*，远低于国际水平 200 kg/亩，国产大豆单产有待提高（图 1-2）。

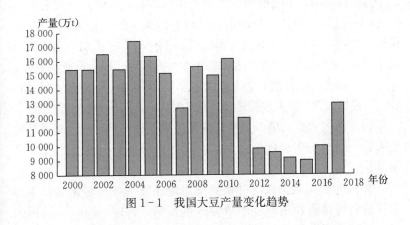

图 1-1 我国大豆产量变化趋势

---

* 亩为非法定计量单位，1 亩≈667 m^2。

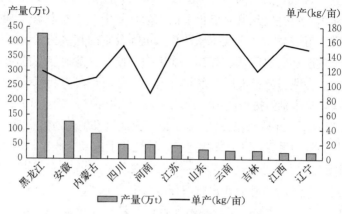

图1-2　2016—2017年中国大豆单产概况

中国大豆种植面积和产量在2010年后出现快速下降，究其根本，主要原因如下。

（1）国产大豆市场受到进口大豆挤压，不管是从出油率还是成本，进口大豆都占上风。进口大豆出油率在20%左右，国产大豆基本在17%左右。而进口大豆在3 300元/t，国产大豆至少在3 500元/t，2015年之前国内大豆价格基本在4 500元/t左右。

（2）进口大豆主产地美国、巴西等国家生产大豆采用规模化、机械化作业，生产成本低；中国大豆属于劳动力密集型产品，人力成本较高，单从价格角度出发，国产大豆在国际市场上没有竞争力。

（3）国外基本种植的是转基因大豆，很多抗虫、抗涝的品种单产较高。根据国内外权威数据显示，美国大豆的单产是中国的近2倍。

（4）国内大豆的第一竞争作物是玉米，无论从产量还是种植效益来看，玉米均明显优于大豆，农民在选择播种时优先选择种植玉米。

2016年后，我国大豆种植面积出现缓慢的恢复性增长，主要受种植结构调整和玉米临储政策改革影响，2017—2018年我国大豆播种面积回升至600万公顷，比上年度增加60万 hm^2。

新疆属于大陆性气候，绿洲灌溉农业，是我国种植大豆的新区，主要分布在北疆气候较冷凉盆地边缘的近山区，目前大豆种植面积逐年扩大，单产逐年提高。对新疆大豆主产区种植大豆与小麦、玉米的成本效益进行比较，证明种大豆效益相当玉米或高于玉米、小麦，能充分发挥冷凉区的水、土、光、热优势。

第三节 大豆的分类及分布

大豆按其播种季节的不同，可分为春大豆、夏大豆、秋大豆和冬大豆4类，但以春大豆占多数。春大豆一般在春天播种，10月收获，11月开始进入流通渠道。我国春大豆主要分布于东北三省，河北、山西中北部，陕西北部及其他西北各省份。夏大豆大多在小麦等冬季作物收获后再播种，耕作制度为麦豆轮作的一年二熟制或二年三熟制，在我国主要分布于黄淮平原和长江流域各省。秋大豆通常是早稻收割后再播种，当大豆收获后再播冬季作物，形成一年三熟制。我国浙江、江西的中南部、湖南的南部、福建和台湾的全部种植秋大豆较多。冬大豆主要分布于广东、广西及云南的南部。这些地区冬季气温高，终年无霜，所以这些地区有冬季播种的大豆，但播种面积不大。

一、大豆的分类

我国大豆种类繁多，是世界上最丰富的国家，主要的分类方式有以下几种。

1. 按株型分 蔓生型、丛生型、立扇型、地桩型。

2. 按结荚习性分 有限结荚习性、无限结荚习性和亚有限结荚习性。

3. 按种皮颜色分 黄、青、黑、褐等。

4. 按种粒形状分 圆形、椭圆形、扁圆形、长椭圆形、肾形。

5. 按播种季节分 春播、夏播、秋播、冬播。

6. 按大豆用途分 油用、食用、饲用、绿肥用等。

二、大豆生态类型的地理分布

在大豆的区划中地理因素占据了重要的地位，而地理因素又使大豆的以下主要的生态类型有所不同。

1. 种粒大小生态类型的地理分布

（1）我国东北大豆主产区　东北东部地区的平川地带，一般品种的百粒重在 18～22 g，东北西部干旱盐碱地区种植的品种，百粒重多在 13～16 g。如果西部地区有灌溉条件或者在水分充足的河沿地块上，也可以种植大粒的品种。

（2）我国陕晋北部黄土高原地区　此区干旱贫瘠，是我国突出的小粒春大豆产区，百粒重在 6～12 g。

（3）我国黄淮平原地区　为我国重要夏大豆产区，此区适应小粒和中小粒品种，百粒重在 10～15 g。

（4）我国长江流域地区　大豆种粒大小变化的幅度较大，一般大面积种植的夏大豆百粒重多在 12～17 g。据统计，江苏淮南的品种中，百粒重 24 g 以上的占 12%，18～24 g 的占 28%，12～18 g 的占 47%，6～12 g 的占 3%。

2. 种皮色、脐色生态类型的地理分布　一般来讲，随着生育条件由好变差，大豆的种粒变小，颜色也变深。在中国东北大豆主产区，大豆是重要的经济作物，对大豆种粒的质量要求较高，大豆种皮一般金黄光亮、脐色淡。在中国东北的西部和陕晋地区，由于生育条件恶劣，多种植小粒黑豆和小粒褐豆。在长江流域，大豆作为蔬菜用时，种皮多为青色。

3. 大豆油分和蛋白质的生态地理分布　一般来讲，随着纬度的升高，大豆含油量逐渐增加，而蛋白质含量逐渐减少。据分析，东北春大豆平均含油量＞南方夏大豆平均含油量＞秋大豆平均含油量。

（1）东北大豆主产地区　油分含量 19%～22%，蛋白质含量 37%～41%。

（2）黄淮平原大豆产区 油分含量 17％～18％，蛋白质含量 40％～42％。

（3）长江流域大豆产区 油分含量 16％～17％，蛋白质含量 44％～45％。

4. 大豆油分脂肪酸含量与碘值的生态地理分布 大豆鼓粒时低温利于大豆油分中亚麻酸、亚油酸的形成，不利于油酸的形成，高温时则相反。在中国纬度每增加 1°，大豆油分的碘值增高 1.7 左右。在同一纬度地区，随着种植品种的不同有较大的出入。随着大豆生产和消费情况的不断变化，大豆品种正朝着优质化方向发展，优质化包括外观品质好和化学品质好。化学品质主要指大豆中脂肪和蛋白质的含量，因此，形成了专用品种：高脂肪含量（＞23％）品种和高蛋白质含量（＞45％）品种。又因特殊的用途，形成了特用品种，如不同颜色种皮的品种。

第四节 沙质荒漠膜下滴灌大豆的研发历程

地球表面 43％的土地分布在干旱地区，110 多个国家受土地荒漠化之害，全世界每年为此造成的损失达 420 亿美元之巨。我国是世界上受沙化危害最严重的国家之一。一是面积大、分布广，据国家林业局第二次沙化土地监测结果显示，截至 2005 年底，全国沙化土地面积达 174.3 万 km²，占国土面积的 18％，涉及全国 30 个省份 841 个县（区、旗）。八大沙漠、四大沙地是我国主要沙源地，南方沿江、河、海也有零星沙地分布。全国流动沙丘面积 42.72 万 km²，固定及半固定沙地 46.30 万 km²，戈壁及风蚀劣地 71.14 万 km²，其他 14.14 万 km²。我国西北、华北、东北形成一条西起塔里木盆地，东至松嫩平原西部，长约 4 500 km、宽约 600 km 的风沙带，危害北方大部分地区。二是扩展速度快，发展态势严峻。据动态观测，20 世纪 70 年代，我国土地沙化扩展速度每年 1 560 km²，20 世纪 80 年代为 2 100 km²，20 世纪 90 年代达 2 460 km²，21 世纪初达到 3 436 km²，相当于每年损失一个中等县的土地面积。

据记载，中国西北地区从公元前 3 世纪到 1949 年，共发生有记载的强沙尘暴 70 次，平均 31 年发生一次。而 1949 年以来已发生 71 次。虽然历史记载与现今气象观测在标准上差异较大，但证明沙尘暴现在比过去多得多。土地的沙化给大风起沙制造了物质源泉。因此，中国北方地区沙尘暴（强沙尘暴俗称"黑风"，因为进入沙尘暴之中常伸手不见五指）发生越来越频繁，且强度大，范围广。1993 年 5 月 5 日，新疆、甘肃、宁夏先后发生强沙尘暴，造成 116 人死亡或失踪，264 人受伤，损失牲畜几万头，农作物受灾面积 33.7 万 hm^2，直接经济损失 5.4 亿元。1998 年 4 月 15～21 日，自西向东发生了一场席卷中国干旱、半干旱和亚湿润地区的强沙尘暴，途经新疆、甘肃、宁夏、陕西、内蒙古、河北和山西西部。

新疆具有得天独厚的水土光热资源。日照时间长，积温多，昼夜温差大，无霜期长，年太阳能辐射量仅次于西藏。广阔而平坦的肥田沃土，较为稳定的水利资源，较高水平的农业机械化作业，较发达的灌溉农业等十分有利于农作物的生长。新疆是全国的大豆高产优质产区，近几年结合滴灌技术在大豆栽培中的应用，不断产生了全国大豆单产的新高产纪录。石河子有"戈壁明珠"之称，垦区地处天山北麓中段，古尔班通古特大沙漠南缘，多数农牧团场都与沙漠接壤，拥有大量的沙质荒漠，可以利用这些沙质荒漠进行大豆种植，进而将其推广至全自治区，使新疆成为我国新的大豆主产区，有利于解决我国大豆的缺口问题。并且利用大豆的固氮作用可以逐步提高这些沙质荒漠的土壤肥力，进而恢复土地生产能力，达到防沙治沙的目的。这样不仅可以降低沙化治理的投入，同时还可以有一定的经济效益。

地膜覆盖栽培具有增温、保水、保肥、改善土壤理化性质，提高土壤肥力，抑制杂草生长，减轻病害的作用，在连续降水的情况下还有降低湿度的功能，从而促进植株生长发育，提早开花结果，增加产量，减少劳动力成本。但是，地膜覆盖栽培会相应产生一些不良影响，如由于盖膜后有机质分解快，作物利用率高，肥料补充得少，使土地肥力下降或因覆盖膜的管理不当也会早熟不增产，甚至有减产现象。在旱沙地更不宜采用地膜覆盖栽培，因为旱沙地盖膜后土壤温度在中午时易产生高温，在干旱比较严重的情况下反而会造成减产。

从2001年起，新疆天业农业研究所陆续在研究所院内的人造沙地上进行不同作物在沙地上的栽培技术研究，结果表明，大豆是适于在沙地上种植的作物，采用膜下滴灌后可取得较高产量和较好的经济收益。天业农业研究所经过几年在人造沙地上大豆膜下滴灌栽培关键技术的进一步研究，于2011年底向国家知识产权局提交了"一种沙质荒漠大豆膜下滴灌丰产栽培方法"（201110384076.5）的发明专利，并获得了授权。

第二章　膜下滴灌大豆栽培的生物学基础

第一节　膜下滴灌大豆对品种的要求

膜下滴灌大豆品种必须具备的条件，一是适宜膜下滴灌种植，人工选育或发现并经过改良。二是与该地区其他栽培模式的现有品种有明显的区别。三是遗传性状相对稳定。四是形态特征和生物学特征一致。五是具有适当的名称。

膜下滴灌大豆应选一季作的高产、优质、多抗性的大豆品种。膜下滴灌大豆也可种植两熟品种，要求大豆品种熟期适中、高产、优质。

高产优质和超高产是各地区大豆育种的首要任务。因此，高产和优质也是膜下滴灌大豆的首要任务，也只有高产、效益好，农民才愿意种大豆。大豆产量的提高是逐步的，它和品种的不断改良有密切的关系，又与生产水平、管理措施、土壤肥力、气候条件有关系，必须因地制宜，不断将提高产量作为大豆品种选择的首要目标。一般大豆产量目标要比对照品种增产8％以上。不同地区和不同的栽培方法，大豆产量指标是不同的。"十五"期间东北地区大豆产量目标为 5 875 kg/hm²，黄淮地区为 4 650 kg/hm²，南方多作区为 3 750 kg/hm²，超过以上目标，可以算是达到了超高产的目标。同时，又要注意筛选现实生产大面积单产在 3 000～3 750 kg/hm²，综合性状好的高产品种，还要选育一批单产为 4 500 kg/hm² 的超高产大豆品种。

一、膜下滴灌大豆品种类别

1. 膜下滴灌高蛋白大豆品种　膜下滴灌大豆含 40％～43％的

蛋白质，同时又含有大豆乳清蛋白等成分。膜下滴灌大豆主要用于豆制品的食品工业和饲料加工业。根据联合国粮农组织（FAO）统计，世界蛋白质制品中大豆蛋白占 64.78%，居主要植物蛋白产量的第一位。据报道，我国饲料加工业年加工能力已经达到 1 亿多 t，如蛋白饲料以 20% 计算，则需要 2 000 多万 t 豆粕。因此，筛选出高蛋白大豆非常重要，但往往大豆高蛋白含量与产量呈负相关。在大豆育种中，对高蛋白含量和产量必须兼顾，否则虽然大豆蛋白质含量很高，但产量低，这一点是必须考虑的。Wilcox 认为，美国大豆育种蛋白质含量在 43% 以上就算高蛋白品种。一般来说，黄淮海地区和长江以南的大豆多为高蛋白品种，但东北地区的大豆也有高蛋白品种（表 2-1）。

表 2-1　黄淮海地区大豆品种脂肪含量及蛋白质含量

品种名称	蛋白质含量（%）	粗脂肪含量（%）	品种名称	蛋白质含量（%）	粗脂肪含量（%）
中黄 12	42.71	20.50	鲁豆 4 号	43.15	19.36
中黄 4 号	40.24	19.40	早熟 18	44.41	18.78
中黄 6 号	43.14	20.59	冀豆 7 号	43.10	20.10
诱变 30	42.68	20.51	豫豆 8 号	44.60	20.10
齐黄 1 号	43.50	19.17	科丰 6 号	41.20	20.10

膜下滴灌高蛋白大豆选育应注意以下几点：

（1）利用高蛋白品种作为亲本，最好两个亲本蛋白含量均高，起码有 1 个亲本是高蛋白品种。同时产量性状和其他性状较好。

（2）由于野生大豆和半野生大豆蛋白质含量高，可以用作亲本，以便选出高蛋白的品种来。

（3）利用有限结荚习性品种与无限结荚习性品种杂交，在蛋白质含量上可产生超亲遗传。

（4）对后代及品系只有对蛋白质含量进行大量分析，才能选出高蛋白品种来。

2. 膜下滴灌高油大豆品种

（1）高油大豆品种选择的标准　我国 10 个大豆品种脂肪含量平均为 19.86％，鉴于在国际市场上大豆贸易竞争激烈，同时为了满足国内大豆榨油加工业的需要，高油大豆的脂肪含量应在21.5％以上。脂肪太低，则竞争力下降。同时，需要与产量结合起来考虑。

（2）膜下滴灌高油大豆品种选育

① 高油大豆选育的亲本选择。杂交育种仍然是目前最有效的育种手段。为了提高大豆杂交育种的成功率，最好选择双亲均为高油的大豆品种，起码有一个亲本是高油大豆，这已被大豆育种实践所证明。

② 大量分析亲本、品种资源、杂交后代及品系的脂肪含量并配置适量的组合。这是高油大豆育种的关键之一，如果不分析一定数量的材料，很难选出既脂肪含量高又综合性状好的后代，同时也要配置专门的高脂肪含量组合，以便有目的地选择脂肪含量高的后代和品系。

③ 高油育种要和产量、抗性等紧密结合。大豆原始材料中也有一些脂肪含量高于 23％的，但这些材料并不能直接利用，主要原因是脂肪含量虽然高，但其他性状满足不了生产的要求。对一个品种来说，要考虑综合性状和重点性状、目的性状。一个高油品种没有一定产量，很难推广。与其他的作物相比，种大豆的效益不算高，因此，要把产量放在首位来加以考虑。只有提高了种大豆的经济效益，农民才会多种大豆。国外有的利用单位面积产油量来作为决定品种的取舍，不失为一种方法。品种的抗病虫性、抗倒伏性、抗旱性等也需要考虑。

孟祥勋、雷泊军、刘丽君等指出，当脂肪含量在 18.1％～20％时，脂肪含量与产量呈正相关，相关系数为 0.387 6～0.674 2；当脂肪含量达到 20.1％以上时，脂肪含量与产量呈负相关，相关系数为－0.059 2～0.198 9。因此，可以看出，达到高油育种有一定的难度。

④ 选育要有一定的超前性，育种圃要有较高的肥力水平。育种圃的肥力太低，很难选出高产高油的大豆品种来。因为品种的产量性状表现不出来，让人难以选择。育种圃的水肥条件需要保证，否则育种成功率大大降低。同时，育种要考虑几年以后这个品种才能应用。因此，要有一定的超前性。一般要超前很多年，这样选出的品种和生产水平才能相当，才能大面积推广应用，发挥较大的作用。

⑤ 组合后代和筛选品系要有一定的规模。由于育种研究有一定的规模，难以选出好的品种来。但组合太多，规模太大，人力、财力消耗大，所以一般杂交组合要在 100 个左右，育种圃面积要在 2～3 hm^2。

⑥ 南繁北育、温室加代等是加速育种工作的重要手段。除在黄淮海地区进行大豆育种工作，与此同时，又在海南进行了繁育工作，这对加速品种的选育和繁殖推广起到了重要的作用。中黄 13 具有高产、高蛋白含量、广适应性的优点，现在不断繁殖这个品种的原种和良种，在华北地区和淮北地区推广了几百万亩。同时，可利用温室繁殖优良材料和进行抗孢囊线虫的鉴定等。

⑦ 对优良的大豆品系进行多点鉴定和区域试验，以明确品种的适应性。

应在主产区设立区域试验点和生产试验点进行 2～3 年的试验，这样才能决定一个品种的取舍。年限太少，试验不能反映客观情况。试点要有代表性，布局要合理，要有 7～8 个试点才能保证试验的准确性。多点不能代替多年，多年也不能代替多点。在相同纬度进行试验成功率较高。

二、膜下滴灌大豆品种选育目标

1. 抗病　大豆抗病选择，根据不同大豆生产区的主要病害来制订抗病选择的计划。如东北地区西部的黑龙江齐齐哈尔等地以及吉林白城等地，大豆孢囊线虫病较严重，应加强抗孢囊线虫育种。

黑龙江省东部地区大豆灰斑病较重，在 1955—1965 年由于灰斑病较重影响了大豆出口量。东北地区一些地方大豆花叶病也时有发生，抗大豆花叶病育种也是一个重要目标。中国南方大豆锈病发生较重。近年来，巴西、美国等国大豆锈病发生也较重。此外，抗疫霉病、霜霉病、毒素病等的选种也应因地制宜。

2. 抗虫 大豆区最严重的虫害为食心虫，严重的年份在严重的地区虫害率可达到 15%～20%，特别是在大豆连作地区更为严重。虫害严重时对大豆商品品质影响很大。吉林省农业科学院利用铁荚四粒黄育成抗食心虫的大豆新品种吉林 3 号等，表现很好。

3. 抗倒伏 大豆倒伏影响大豆产量，特别是大豆花期以后结荚鼓粒期。这时如果发生大面积倒伏，则影响籽粒的灌浆，降低粒重，进而造成减产。因此，必须对膜下滴灌大豆品种和品系的抗倒伏性进行鉴定。首先要对杂交亲本和原始材料的抗倒伏性进行鉴定，从中选出抗倒伏的品种和品系作为亲本进行杂交。选出抗倒伏性强的品系进行区域试验，并进行高水肥条件进行鉴定，这样才能选出茎秆强韧且丰产性状优良的大豆品种。

为了选出抗倒伏的膜下滴灌大豆品种和品系，植株不宜过高，一般 70～80 cm 即可。太高，容易倒伏造成减产；太矮，营养体不繁茂，也容易造成减产。要进行高产株型的选择，一般应有 4～7 个分枝，分枝多等于增加节数。节数一般在 16～20 个，不可能太多，每个节要求荚多，结荚习性为有限型和亚有限型。这样顶部可结 5～12 个荚，3～5 个分枝，每个分枝上有 5～6 个荚，可以充分利用植物的顶端优势，总荚数可达到 40 个左右，这种情况下容易高产。

美国将抗倒伏性分为 1～5 级，直立的为 1 级，倒伏 45°为 3 级，倒在地上的为 5 级。抗倒伏是品种的一个重要性状。Luedders (1997) 指出，熟期组 Ⅰ 到熟期组 Ⅳ 在第一轮杂交后抗倒伏性增加 17%，第二轮杂交增加 20%。Specht Williams（1984）认为过去 75 年熟期组 0 到熟期组 Ⅳ，倒伏每年减轻 1%。倒伏引起减产。亚有限结荚习性品种要比无限结荚习性品种倒伏轻，矮秆品种可提高抗倒伏性。

4. 抗旱　我国大部分大豆栽培地区是雨养农业，如黑龙江、吉林、辽宁和内蒙古的大部分地区，山西、陕西北部以及其他地区，不具备灌溉条件。因此，大豆品种要适应这种条件。大豆品种的抗旱性很重要，如黑龙江省西部嫩江农业科学研究所育成的嫩丰7号、嫩丰10号，黑龙江省农业科学院与东北农学院（今东北农业大学）合作育成的黑农3号，均是抗旱品种。山西省农业科学院育成的晋豆1号、晋豆10号也是抗旱性强的品种。这类品种生长繁茂，在降水量较少的情况下生长良好。不同品种和品质资源抗旱性不同，需要用不同的方法来鉴定品种的抗旱性，选出抗旱性强的品种和丰产品种进行杂交，以便育成抗旱丰产品种。大豆抗旱品种生态型与喜肥水型有明显的区别，抗旱品种具有生长繁茂、植株高大、节间较长等特点。

5. 适应性广　大豆生态类型不同，不同品种对不同地区的适应性不同，应育成适应性广的品种。根据育种实践，选不同纬度的品种进行筛选、种植，可选出适应性强的大豆品种。中国农业科学院作物科学研究所大豆课题组利用来自纬度差异较大的高产品种豫豆8号为母本、高蛋白品种为父本进行杂交，育成了超高产、广适应性高蛋白大豆品种中黄13。品种育成后要在多点进行鉴定，以明确其适应性，同时在生态条件相似的许多地区进行大面积的示范推广。

6. 高光效　大豆的产量形成受光合作用制约，研究和选出高光效率的大豆品种对提高产量很重要。大豆是 C_3 作物，C_3 作物中能否筛选出高光效的材料和品质是重要的。

7. 抗涝　我国一些地区常因秋雨连绵造成秋涝，一些地区因地势低洼雨天常积水。在这些地区种植大豆，选育耐涝性强的大豆品种也是重要的。

8. 抗盐碱　在新疆有许多的盐碱地带，常常发生盐害和碱害。这也需要筛选出抗盐、抗碱的大豆品种。

9. 抗除草剂　大豆生产上应用的除草剂主要是草甘膦，现已育成了抗草甘膦大豆，取得了成效。在美国，抗除草剂大豆已占大豆播种面积的80％以上。因此，选育抗除草剂的大豆品种对防治草害有很大的作用，可以降低大豆的生产成本。

三、膜下滴灌高产和超高产大豆品种的选育

膜下滴灌大豆高产品种和超高产品种的丰产性是由单株荚数、每荚粒数和粒重组成。根据试验，单株荚数与产量呈显著相关。因此，要注意植株上下的荚数分布应均匀，上部叶片小，下部叶片大，可合理利用光能。为了选择高产品种和超高产品种，植株不宜太高，一般在65～85 cm即可，太高容易倒伏。要选择两个亲本系均高产品种或品系；或一个亲本为高产品种，另一个亲本具有突出的特点，如抗倒伏性突出、高脂肪含量、高蛋白含量、高抗病、适应性广等；要选择抗倒伏性强、多荚、有一定分枝的类型，因为在一定的地区不同品种的大豆节数变化不大，而生育期基本不变，增加分枝等于增加节数；利用无限结荚习性品种或亚有限结荚习性品种与有限结荚习性品种杂交，以及有限结荚习性品种之间杂交，可以生产超亲遗传。除有限结荚习性品种与无限结荚习性品种杂交及有限品种间杂交可降低株高外，辐射有限结荚习性品种和从农家品种资源中也可选出矮秆、半矮秆材料来降低株高。

高产品种和超高产品种的主要特点如下：

（1）单株荚数多，在20～30株/m² 密植条件下单株荚数40～50个。

（2）植株上下的荚数分布均匀，节间短，每节荚数要多，特别是顶端荚数要多，可利用顶端优势，以有限结荚习性品种或亚有限结荚习性品种为好。

（3）有3～7个分枝，分枝收敛不劈叉，长、短分枝分布均匀，错落有致。

（4）光能利用好，上部叶片小、下部叶片大，可合理利用光能。

（5）抗倒伏性强，在密植条件下，植株不倒伏和略倾斜。

（6）植株不宜太高，一般在 65～85 cm 即可，太高容易倒伏。

（7）粒荚比值较高，在 0.5 以上。

（8）高水肥条件下植株表现好。

（9）综合抗性强，抗病性、抗虫性、抗倒伏性、抗旱耐涝性强。

对黑龙江和黄淮海地区不同时期有代表性的大豆品种遗传改进进行比较研究，结果表明，单株粒重与产量极显著正相关（0.59～0.72），荚比、三四粒荚数、每节荚数、百粒重等性状与产量呈显著正相关，而倒伏性与产量呈极显著负相关，各地大豆品种遗传改进的明显趋势在于抗倒伏性显著增强，单株粒重提高，每节荚数、每节粒数增加，粒重增大，茎秆增粗，株高降低。

优良的大豆品种只有与栽培地区的生态条件相适应，才能发挥最大的潜力。王金陵指出，在一定的自然条件、耕作栽培条件及利用要求的情况下，便有一定的适应此种情况的生态类型。在育成有生产栽培价值的大豆品种时，一定要在有适应性的生态类型基础上去求得产量、品质、抗性等性状的改进。同生态类型间主要的性状差异与某些主要生态因子有关。大豆的主要生态性状有其对光周期和温度的反应特性、结荚习性、种粒大小、种皮色等。从全国大范围着眼，大豆品种生态因子主要是地理纬度、海拔及播种季节等所决定的日照长度与温度，其次才是降水量、土壤条件等，因而品种生育期长度及其对光温反应的特性是区分大豆品种生态类型的主要性质。中国大豆育种区域的划分与大豆的栽培区域、生态区域的划分是一致的。中国大豆品种生态区域的划分是研究种质资源和育种的基础。

王连铮等对黑龙江和黄淮海地区不同时期有代表性的大豆品种进行比较研究，结果表明，单株粒重、主茎荚数占全株荚数百分比、每节荚数、每荚粒数、百粒重、脂肪含量等性状与产量呈极显著正相关，而倒伏性与产量呈极显著负相关。各地大豆品种遗传改进的明显趋势在于抗倒伏性显著增强，单株粒重提高，每节荚数、每粒荚数增多，粒重增大，茎秆增粗，株高降低。裴东红等研究指出，品种改良趋势为单株粒重、单株荚数、每荚粒数、单株粒数、百粒重、分枝荚数、分枝粒数、分枝粒重、茎粗总体增加，生育期长短、株高、倒伏总体减少。其中，单株粒数、单株荚数、单株粒数、生育期长短、株高、茎粗的变化是先大后小；每荚粒数、百粒重、分枝荚数、分枝粒数、分枝粒重的变化是先小后大；主茎节数、主茎荚数、每节荚数、主茎粒数、主茎粒重、生育后期粒茎比呈先增后减的趋势；节间长度、分枝数、生育前期长短、干茎重呈先减后增的趋势。孙贵荒等研究表明，除了分枝数以外，其余性状均有不同程度的增长，其中三粒荚数、分枝荚数、单株粒重、粒茎比、株高及主茎节数的增长量较大，生育期长短变化量最小。育成品种的脂肪含量无明显差异，蛋白质含量年代间有较大幅度增长，蛋白质和脂肪总量也依蛋白质含量的增长而增长。

叶兴国等研究表明，大豆品种遗传改进明显趋势是每荚粒数增多、每节荚数增多、荚比提高、分枝减少、茎秆增粗、抗倒伏能力增强、粒型增大、单株粒重提高、脂肪含量增加，株高、节数、节间长度、生育期长短呈先减后增的趋势，蛋白质没有明显改进，产量增幅为 1.2%～2.5%。相关分析表明，单株粒重、脂肪含量、荚比、每荚粒数、主茎荚数、每荚粒数、三四粒荚数、百粒重、茎粗、节数、生育期与产量呈正相关或显著正相关。

四、膜下滴灌大豆品种选育趋势

综观国内外大豆育种趋势，未来中国大豆育种将朝着以下几个方向发展。

（1）新品种将比以往品种更具有广的适应性和播种期，适用于新疆地区的品种选育将是品种选育最具有潜力的方面。

（2）由于土地资源紧张，将有不同类型的品种适应不同的轮作复种制度，包括春夏秋间作、套作等，以增加复种指数。

（3）随着人口的增长，以及耕地面积和大豆播种面积的减少，产量的突破仍旧是未来长期的育种目标。未来产量突破的途径对于常规育种来说，高产株型及其生理基础是根本性的，跳出常规育种而设法利用杂交优势是另一种途径。最有可能实现产量跳跃的途径将是大豆理想型和杂种优势的结合。为谋求产量的持续逐步提高，育种家还需要采用群体改良的轮回选择技术来积累增效基因。

（4）人类对大豆品质的追求将是无穷尽的，初级的目标是高蛋白质和高脂肪含量，高一级的目标是优质蛋白质和优质脂肪组分，更高一层次的目标是消除或降低豆腥味等，并将无抗营养因子的基因结合到高蛋白质含量、高脂肪含量、优质蛋白质组分、优质脂肪组分品种中去，此外，大豆异黄酮、大豆皂苷的含量与成分有可能成为未来育种的目标性状。

（5）病虫、逆境胁迫是高产、稳产的重要限制因子，要高产稳产就必须抗病虫、耐逆境压力。先要通过育种手段控制的病虫包括全国性的大豆花叶病毒、大豆孢囊线虫和正在构成威胁的疫霉根腐病，北方的灰斑病、食心虫，南方的锈病、豆秆黑潜蝇和食叶性害虫，新疆地区对抗旱品种的需求是迫切的。随着高效农业的发展，对相应大豆品种的需求将更加迫切。

第二节　沙质荒漠膜下滴灌大豆的生态优势

据联合国环境规划署资料，目前全世界有 32 亿 hm^2 以上的土地荒漠化，约占全球土地面积的 1/4，涉及 100 个以上的国家和地区，9 亿人口深受其害。荒漠化严重的地区主要在发展中国家，中国已成为荒漠化危害最严重的国家之一。1949 年以来，中国在防治土地荒漠化方面虽然做了大量的工作，但总的情况是"局部得到治理，整体仍在发展"。我国土地沙漠化是当前最严重的生态问题之一。以往的农业生产方式以破坏生态环境为代价，从而导致土地荒漠化日益严重，环境日趋恶化。沙质荒漠化地区日照充足，昼夜温差大，光合效率高，有利于有机物积累。

1. 沙质荒漠化产生的生态机制 对荒漠化的成因观点较多，如环境论、人为论、二元论和综合论，它们均是根据气候变化和人为活动的单一或综合作用而划分的。一般认为，自然和人为因素共同作用造成的生态平衡失调是土地荒漠化产生的根本原因。

生态系统有两大部分（生物成分和非生物成分）和四种基本成分（生产者、消费者、分解者和非生物环境），良性的生态系统通过正负反馈使各成分能相互协调、自我维持，系统处于一种动态平衡，即生态平衡。在荒漠化的发生发展中，生产者、消费者、分解者和非生物环境的变化超出了生态系统的调节范围，系统便向无序方向发展，生态平衡失调，荒漠化发展。

（1）沙质荒漠化产生的因素 干旱、高温是荒漠化产生的生态主导因子。过度放牧、毁林毁草、垦荒、乱砍滥伐和不合理的灌溉等人类不合理利用资源的行为加剧了土地的荒漠化。当人为破坏和自然破坏力叠加时，荒漠化将急剧扩展。

（2）生态系统非生物成分的变化

① 水的变化。水是生态系统中最活跃的非生物因素，水在荒漠化的形成、发展与逆转（治理）过程中起着决定作用。由于人类不合理的经济活动导致地面植被的破坏，直接引起植物吸水能力下降，因而其蒸腾和蒸发量下降，地面的裸露使地面蒸发大大加强。同时，裸露的地面，由于土地风蚀导致沙化或由于水侵蚀导致水平径流增大，地表水下渗减少。另外，过度践踏不仅影响植物的正常生长，也使地表的硬度增大。地表变硬后，不仅使雨水渗漏减慢，而且地表水也很快被无效蒸发掉，这样进一步使得土壤水含量降低。

② 土壤的变化。土壤的变化主要表现在：一是土壤退化，区域内由于水资源的再分配，一些地区水源条件劣变，土壤风蚀和侵蚀加剧，营养物质急剧减少，土壤肥力下降。二是灌溉不当引起的土壤盐渍化或次生盐渍化。因为土壤缺乏降水的淋洗作用，又由于热力蒸发所造成的水分上行过程占优势，将下层的盐分带到土壤上层和地表。

2. 沙质荒漠膜下滴灌大豆生态优势　沙质化膜下滴灌大豆的农田生态效应包括土壤水分效应、土壤物理效应、生态环境效应等。

（1）土壤水分效应　膜下滴灌条件下的土壤水分分布与降水及漫灌等情况下的土壤水分分布大不一样，据实测结果，滴灌后土壤含水率的最大值不在地表，一般在地面以下 10 cm 左右深度处，并且滴灌土壤水分可直接作用于作物根部，提高灌溉水分利用率。传统沟畦灌由于灌水量大，当灌水使土壤含水量超过田间持水量时，将以重力水的形式向深层渗漏，造成灌溉水的浪费，同时使土壤中通气空隙减少，不利于根系发育。而滴灌控制计划湿润层为田间持水量的 60%～90%，既湿润了土壤、保持了土壤的通气性能，又不造成土壤水分、养分的深层渗漏，形成了适宜的土壤水肥环境，有利于作物的生长和增产。

地膜覆盖提高了土壤的温度，强化了土壤水分的汽化过程，并在地膜阻隔作用下切断了土壤水分直接蒸发进入大气的路径，使水汽的移动规律也有所变化。在自然状况下，由于土壤水热梯度差的存在，使深层水分不断向上层移动，并渐渐蒸发，地膜覆盖情况下，获得的太阳辐射使膜下土温升高，土壤表面与下层的温度增加，这将促使水分上移量增多。又因土壤水分受地膜的阻隔而不能散失于大气，就必然在膜下进行"小循环"，即凝结（液化）—汽化—凝结—汽化，这样会使土壤深层水分逐渐向上层集积，并呈明显的 V 形分布。同时，部分水分又发生膜下侧向运动，形成侧向水循环。因此，覆膜具有明显的提墒、保墒作用。

（2）土壤物理效应　膜下滴灌不板结土壤，其土壤容重小于地表水土，在土层为 0～30 cm，膜下滴灌的土壤容重比地面灌水土小 0.3 g/cm³ 左右。同时，覆膜后太阳辐射能一部分被地膜表面反射到大气中，从而提高了环境大气的温度。透入地膜的光，部分被地表反射，转化为热能，使膜内温度升高；另一部分以热传导的方式进入膜下土壤中。于是出现白天地温升高快、晚上地温降低慢的热效应，土壤热容性质向良好方向转化。因此，膜下滴灌可使作物周围膜下土壤和空气的温度都有所提高，大大改善了作物的生态环境，加快了生育过程。膜下滴灌农田生态土壤物理效应好于地面灌溉。

（3）生态环境效应　膜下滴灌直接把水分灌入作物根部，降低了湿润面积，减少了棵间蒸发，改变了作物的农田生态小气候，使作物根系生长有良好的水、气、热生态环境。膜下滴灌既不会使土壤全部断面突然湿润，又没有土壤团粒的机械破坏。水分扩散几乎都是靠毛细管作用，从一个饱和中心区扩散到周围的干燥区。于是，在滴头和湿润前沿之间，形成一个水势梯度和一个反向的空气梯度，沿滴头位置轴线和湿土体边缘之间，形成一个较好的根系发育区。有研究表明，接近滴头处的饱和土壤中几乎没有根，而干土区也不长根，全部根系都位于土壤水分与空气比例适宜的区域内。同时，由于沟畦灌溉水量大，地表空间温度较滴灌低。经测试，膜下滴灌比无膜滴灌近地面环境大气温度高 2.5 ℃左右，而比沟畦灌近地面环境大气温度高 3.6 ℃左右。这是因为覆膜后，太阳辐射能一部分被地膜反射到大气中，从而提高了环境大气的温度。

土壤水分运动是水热梯度共同作用下进行的。膜下灌溉由于塑膜光学特性，使冠层截留和到达土壤表层辐射量发生了显著的变化，增加了土壤的水热梯度。同时，由于塑膜的阻隔作用，减少地面蒸发，增加土壤储水量，降低耗水，调节土壤温度，提高水分利用率。膜下滴灌还可以减少灌溉水的深层渗漏，从而减少土壤剖面养分的淋失，利于保持土壤肥力。膜下滴灌不仅节约用水，同时为作物的生长发育创造适宜的土壤水、肥、气、热环境，而水、肥、气、热也正是作物的生态四要素。因此，作物采用膜下滴灌可以获得良好的经济效益。

① 增温效应。沙质荒漠下大豆膜下滴灌栽培能明显地提高土壤温度，原因是地膜能够透过日光中的短波辐射，阻止地表的长波辐射，又能避免地表的乱流热交换以及减少因水分蒸发而损失的汽化热，地膜与土壤表面之间形成小温室效应，从而有明显的增温作用。

② 保墒节水效应。地膜改变了土壤水分循环的规律，即地膜与地面之间形成狭小的空间，切断土壤水分与大气水分的交换通道，膜内温度增高，蒸发作用加强，有提水上升现象。膜内大量水气凝结于膜壁，充满雾气。夜间降温时，雾气凝结成水滴，渗入土壤，这样由蒸发—凝结—下渗—蒸发形成了地膜与土壤间的水分循环，故能保墒节水。王海泉研究表明，大豆覆膜栽培第 1 叶期至鼓粒满期 0～10 cm 土层含水量比未覆膜（CK）提高 2.1～9.3 个百分点，0～20 cm 土层含水量提高 1.5～5.5 个百分点。李丽君等报道，从播种期到分枝期，大豆田行间覆膜、行上覆膜 0～40 cm 土体储水量分别比不覆膜高 5.35％和 0.59％；40～100 cm 土层则分别比对照高 11.56％和 8.81％；0～100 cm 土层比对照高 9.46％和6.03％。分枝期到结荚期，不同覆膜方式对 0～40 cm、40～100 cm、0～100 cm 土体储水量影响均表现为覆膜处理大于不覆膜处理，但行间覆膜和垄上覆膜之间差异则较小。结荚期到成熟期，大豆植株几乎全部遮盖地表，地膜起不到保水的效果，不同覆膜处理之间土壤储水量差异较小。大豆水利用效率与不同覆膜方式有关，不同处理对其水分利用效率影响依次为行间覆膜＞垄上覆膜＞不覆膜，行间覆膜和垄上覆膜分别比不覆膜提高 26.9％和 15.9％，说明地膜覆盖能明显地提高大豆水分利用效率。孙继颖等报道，覆膜均能够提高大豆叶片水分利用效率、土壤水分利用效率及降水水分利用效率，与对照差异显著，结果与春玉米和谷子的研究结果相一致。

第三章　膜下滴灌大豆栽培施肥要求

第一节　膜下滴灌大豆生长对营养元素的要求

一、大量元素

1. 氮　根系吸收的氮主要是无机态氮，即铵态氮和硝态氮，也可吸收一部分有机态氮，如尿素。氮是蛋白质、核酸、磷脂的主要成分，而这三者又是原生质、细胞核和生物膜的重要组成部分，它们在生命活动中占有特殊作用。因此，氮被称为生命的元素。酶以及许多辅酶和辅基如 NAD^+、$NADP^+$、FAD 等的构成也都有氮参与。氮还是某些植物激素（如生长素和细胞分裂素）、维生素（如维生素 B_1、维生素 B_2、维生素 B_6、维生素 PP 等）的成分，它们对生命活动起重要的调节作用。此外，氮是叶绿素的主要成分，与光合作用有密切关系。由于氮具有上述功能，所以氮的多寡会直接影响细胞的分裂和生长。当氮肥供应充足时，植株枝叶繁茂，躯体高大，分蘖（分枝）能力强，籽粒中含蛋白质高。植物必需元素中，除碳、氢、氧外，氮的需要量最大。因此，在农业生产中特别注意氮肥的供应。常用的尿素、硝酸铵、硫酸铵、碳酸氢铵等肥料，主要是供给氮素营养。缺氮时，蛋白质、核酸、磷脂等物质的合成受阻，植物生长矮小，分枝、分蘖很少，叶片小而薄，花果少且易脱落；缺氮还会影响叶绿素的合成，使枝叶变黄，叶片早衰甚至干枯，从而导致产量降低。因为植物体内氮的移动性大，老叶中的氮化物分解后可运到幼嫩组织中去重复利用，所以缺氮时叶片发黄，由下部叶片开始逐渐向上，这是缺氮症状的显著特点。氮过多时，叶片大而深绿，柔软披散，植株徒长。另外，氮素过多时，植株体内含糖量相对不足，茎秆中的机械组织不发达，易造成倒伏和被病虫害侵害。

所以，氮在夺取大豆高产方面起着十分重要的作用。氮是蛋白质的主要组成元素。大豆富含蛋白质，所以氮在大豆植株各器官中的含量也比较高，成长的植株平均含氮量占总重的 2% 左右，籽粒和根瘤中含量约占 6% 和 7%。没有氮就不能形成蛋白质，也就没有植物的生命。氮能促进大豆枝叶的茂盛生长，增加绿色面积，加强光合作用和营养物质的积累，使大豆枝多、花多、荚多。但是氮过多或过少，对大豆生长都不利。氮过多，会使大豆茎叶徒长，通风透光不良，加重营养生长与生殖生长的矛盾，造成花荚大量脱落，影响产量；氮不足，大豆植株代谢受阻，植株矮小，分枝少，叶片小而薄，呈现黄色或浅绿色，严重时植株早衰早亡。氮肥对于大豆的增产效果与土壤中有效氮的含量及土壤肥力有关。土壤肥力水平高，施氮肥效果差；反之，施氮肥效果好。

2. 磷　磷主要以 $H_2PO_4^-$ 或 HPO_4^{2-} 的形式被植物吸收。吸收这两种形式的多少取决于土壤 pH。当磷进入根系或经木质部运到枝叶后，大部分转变为有机物质如糖磷脂、核苷酸、核酸、磷脂等，有一部分仍以无机磷形式存在。植物体中磷的分布不均匀，根、茎的生长点较多，嫩叶比老叶多，果实、种子中也较丰富。磷是核酸、核蛋白和磷脂的主要成分，它与蛋白质合成、细胞分裂、细胞生长有密切关系；磷是许多辅酶如 NAD^+ 等的成分，它们参与了光合、呼吸过程；磷是 AMP、ADP 和 ATP 的成分；磷还参与碳水化合物的代谢和运输，如在光合作用和呼吸作用过程中，糖的合成、转化、降解大多是在磷酸化后才起反应的；磷对氮代谢也有重要作用，如硝酸还原有 NAD^+ 和 FAD 的参与，而磷酸吡哆醛和磷酸吡哆胺则参与氨基酸的转化；磷与脂肪转化也有关系，脂肪代谢需要 NADPH、ATP 和 NAD^+ 等的参与。由于磷参与多种代谢过程，而且在生命活动最旺盛的分生组织中含量很高，因此，施磷对大豆分蘖、分枝以及根系生长都有良好作用。由于磷促进碳水化合物的合成、转化和运输，对种子、块根、块茎的生长有利，故马铃薯、甘薯和禾谷类作物施磷后有明显的增产效果。由于磷与氮有密切关系，所以缺氮时，磷肥的效果就不能充分发挥。只有氮磷配合施用，才能充分发挥磷肥效果。总之，磷对植物生长发育有很大的作用，是仅次于氮的第 2 个重要元素。缺磷会影响细胞分裂，使分蘖分枝减少，幼芽、幼叶生长停滞，茎、根纤细，植株矮小，花果脱落，成熟延迟；缺磷时，蛋白质合成下降，糖的运输受阻，从而使营养器官中糖的含量相对提高，这有利于花青素的形成，故缺磷时叶子呈现不正常的暗绿色或紫红色。磷在体内易移动，也能重复利用，缺磷时老叶中的磷能大部分转移到正在生长的幼嫩组织中去。因此，缺磷的症状首先在下部老叶出现，并逐渐向上发展。磷肥过多时，叶上又会出现小焦斑，系磷酸钙沉淀所致；磷过多还会阻碍植物对硅的吸收，易招致水稻感病。水溶性磷酸盐还可与土壤中的锌结合，减少锌的有效性，故磷过多易引起缺锌病。

磷在大豆分生组织中含量最多，种子中的含量为 0.4% ～ 0.8%，是形成核蛋白和其他磷化合物的重要组成元素。磷参与主要的代谢过程，如糖、脂肪、蛋白质的转化，在能量传递和利用过程中，也有磷酸参与。磷对大豆生长发育的作用比氮还明显。它既有利于营养生长，又能促进生殖生长。磷充沛则种子中蛋白质、油分含量高。大豆植株的含磷量，叶片为 0.6% ～ 1.5%，叶柄为 0.8%，茎为 0.9%，花朵为 1.4%。在磷供应充足的情况下，大豆吸磷高峰出现在结荚期、鼓粒期。磷在大豆植株内是能够移动和再利用的，只要前期吸收了较多的磷，即使盛花期停止供应，也不致严重影响产量。缺磷则影响细胞分裂，严重时底部叶片的叶脉间缺绿，根瘤减少，固氮能力下降，植株矮小。

大豆幼苗对磷反应较为敏感，植株早期叶色深绿，以后低部叶的叶脉间缺绿，株型小，叶小面薄、茎硬，扬花期和成熟期延迟，应及时追施磷肥，苗期追施适量磷肥有利于促进大豆根瘤的形成和发育，每亩可追施过磷酸钙 12.5～17.5 kg 或用 2% ～4% 的过磷酸钙水溶液进行叶面喷肥，每隔 7 d 左右喷施 1 次，共喷 2～3 次。

3. 钾　钾在土壤中以 KCl、K_2SO_4 等盐类形式存在，在水中解离成 K^+ 而被根系吸收。在植物体内钾呈离子状态。钾主要集中在生命活动最旺盛的部位，如生长点、形成层、幼叶等。钾在细胞内可作为 60 多种酶的活化剂，如丙酮酸激酶、果糖激酶、苹果酸脱氢酶、琥珀酸脱氢酶、淀粉合成酶、琥珀酰 CoA 合成酶、谷胱甘肽合成酶等。因此，钾在碳水化合物代谢、呼吸作用及蛋白质代谢中起重要作用。钾能促进蛋白质的合成，钾充足时形成的蛋白质较多，从而使可溶性氮减少。钾与蛋白质在植物体中的分布是一致的，例如在生长点、形成层等蛋白质丰富的部位，钾离子含量也较高。富含蛋白质的豆科植物的籽粒中钾的含量比禾本科植物高。钾与糖类的合成有关。大豆幼苗缺钾时，淀粉和蔗糖合成缓慢，从而导致单糖大量积累；而钾肥充足时，蔗糖、淀粉、纤维素和木质素含量较高，葡萄糖积累则较少。钾也能促进糖类运输到储藏器官中，所以在富含糖类的储藏器官（如种子）中钾含量较多。此外，韧皮部汁液中含有较高浓度的 K^+，约占韧皮部阳离子总量的 80%。从而推测 K^+ 对韧皮部运输也有作用。K^+ 是构成细胞渗透势的重要成分。在根内 K^+ 从薄壁细胞转运至导管，从而降低了导管中的水势，使水分能从根系表面转运到木质部中去；K^+ 对气孔开放有直接作用，离子态的钾有使原生质胶体膨胀的作用，故施钾肥能提高作物的抗旱性。缺钾时，植株茎秆柔弱，易倒伏，抗旱、抗寒性降低，叶片失水，蛋白质、叶绿素破坏，叶色变黄而逐渐坏死。缺钾有时也会出现叶缘焦枯、生长缓慢的现象，由于叶中部生长仍较快，所以整个叶子会形成杯状弯曲或发生皱缩。钾也是易移动可被重复利用的元素，故缺素病症首先出现在下部老叶。

钾在植株代谢方面起着重要作用。钾是多种酶的活化剂，能促进核蛋白质的合成，提高光合强度，促进氮吸收。钾在生育前期与氮一起加速植株营养生长；中期和磷配合可加速碳水化合物的合成，促进脂肪和蛋白质的合成，并加速物质转化，使其可成为储藏的形态；在后期钾能促进可塑性物质的合成及其向籽粒的转移。此外，由于钾能提高碳水化合物的合成速度和加快向根部输送的速度，为固氮作用提供充足的能量，促进根瘤形成起到固氮作用。钾的另一个作用是促进机械组织的发育，使茎坚韧、抗倒、抗病。大豆缺钾时，植株体内水溶性氮化合物含量高，蛋白质合成受阻，碳水化合物代谢紊乱。严重缺钾，光合作用受到抑制，呼吸作用增强，底叶向下卷曲，叶尖和叶脉出现黄色斑点，并逐渐坏死。随着作物产量水平的提高，缺钾现象逐渐明显，高产田应酌情补施钾肥，底施或苗期追肥，每亩用硫酸钾 15 kg 为宜。

二、中量元素

1. 钙　植物从土壤中吸收 $CaCl_2$、$CaSO_4$ 等盐类中的钙离子。钙离子进入植物体后一部分仍以离子状态存在，一部分形成难溶的盐（如草酸钙），还有一部分与有机物（如植酸、果胶酸、蛋白质）相结合。钙在植物体内主要分布在老叶或其他老组织中。钙是植物细胞壁胞间层中果胶酸钙的成分，因此，缺钙时细胞分裂不能进行或不能完成，而形成多核细胞。钙离子能作为磷脂中的磷酸与蛋白质的羧基间联结的桥梁，具有稳定膜结构的作用。钙对植物抗病有一定作用。据报道，至少有 40 多种水果和蔬菜的生理病害是因缺钙引起的。钙与植物体内的草酸形成草酸钙结晶，可消除过量草酸对植物的毒害。钙也是一些酶的活化剂，如由 ATP 水解酶、磷脂水解酶等酶催化的反应都需要钙离子的参与。植物细胞质中存在多种与 Ca^{2+} 有特殊结合能力的钙结合蛋白，其中在细胞中分布最多的是钙调素（CaM）。Ca^{2+} 与 CaM 结合形成 Ca^{2+} - CaM 复合体，它在植物体内具有信使功能，能把胞外信息转变为胞内信息，用以启动、调整或制止胞内某些生理生化过程。缺钙初期顶芽、幼叶呈淡绿色，继而叶尖出现典型的钩状，随后坏死。钙是难移动、不易被重复利用的元素，故缺钙症状首先表现在大豆上部幼茎幼叶上。

2. 镁　镁以离子状态进入植物体，它在体内一部分形成有机化合物，一部分仍以离子状态存在。镁是叶绿素的成分，又是 RuBP 羧化酶、5 - 磷酸核酮糖激酶等酶的活化剂，对光合作用有重要作用；镁又是葡萄糖激酶、果糖激酶、丙酮酸激酶、乙酰 CoA 合成酶、异柠檬酸脱氢酶、苹果酸合成酶、谷氨酰半胱氨酸合成酶等酶的活化剂，因而，镁与碳水化合物的转化和降解以及氮代谢有关。镁还是核糖核酸聚合酶的活化剂，DNA 和 RNA 的合成以及蛋白质合成中氨基酸的活化过程都需镁的参加。具有合成蛋白质能力的核糖体是由许多亚单位组成的，而镁能使这些亚单位结合形成稳定的结构。如果镁的浓度过低或用 EDTA（乙二胺四乙酸）除去镁，则核糖体解体，破裂为许多亚单位，蛋白质的合成能力丧失。因此，镁在核酸和蛋白质代谢中也起着重要作用。缺镁最明显的病症是叶片失绿，其特点是首先从下部叶片开始，往往是叶肉变黄而叶脉仍保持绿色，这是与缺氮病症的主要区别。严重缺镁时可引起叶片的早衰与脱落。

3. 硫　硫主要以 SO_4^{2-} 形式被植物吸收。SO_4^{2-} 进入植物体后，一部分仍保持不变，而大部分则被还原成 S，进而同化为含硫氨基酸，如胱氨酸、半胱氨酸和蛋氨酸。这些氨基酸是蛋白质的组成成分，所以硫也是原生质的构成元素。辅酶 A 和硫胺素、生物素等维生素也含有硫，且辅酶 A 中的硫氢基（—SH）具有固定能量的作用。硫还是硫氧还蛋白、铁硫蛋白与固氮酶的组分，因而硫在光合、固氮等反应中起重要作用。另外，蛋白质中含硫氨基酸间的硫氢基（—SH）与—S—S—可互相转变，这不仅可调节植物体内的氧化还原反应，而且还具有稳定蛋白质空间结构的作用。由此可见，硫的生理作用是很广泛的。硫不易移动，缺乏时一般在幼叶表现缺绿症状，且新叶均衡失绿，呈黄白色并易脱落。缺硫情况在大豆栽培上很少遇到，因为土壤中有足够的硫满足大豆生长发育的需要。

三、微量元素

1. 铁　铁主要以 Fe^{2+} 的螯合物被吸收。铁进入植物体内就处于被固定状态而不易移动。铁是许多酶的辅基，如细胞色素、细胞色素氧化酶、过氧化物酶和过氧化氢酶等。铁在呼吸电子传递中起重要作用。铁是合成叶绿素所必需的，其具体机制虽不清楚，但催化叶绿素合成的酶中有两三种酶的活性表达需要 Fe^{2+}。近年来发现，铁对叶绿体构造的影响比对叶绿素合成的影响更大。大豆缺铁时，在靠近叶缘的地方还可能出现棕色斑点，老叶变黄枯萎而后脱落。铁是大豆根瘤固氮酶中铁蛋白和钼铁蛋白的金属成分，铁的存在与固氮作用有很大的关系。大豆对缺铁比较敏感。由于土壤中含铁较多，一般情况下植物不缺铁。但在碱性土或石灰质土壤中，铁易形成不溶性的化合物而使植物缺铁。一般采用无机铁化合物补充铁营养，为了增加铁的吸收、运转和利用率，目前开始采用螯合铁作铁肥。

2. 铜 在通气良好的土壤中，铜多以 Cu^{2+} 的形式被吸收，而在潮湿缺氧的土壤中，则多以 Cu^{2+} 的形式被吸收。Cu^{2+} 与土壤中的几种化合物形成螯合物的形式接近根系表面。铜在呼吸的氧化还原中起重要作用，也是质蓝素的成分，它参与光合电子传递，故对光合有重要作用。

铜是大豆多酚氧化酶、抗坏血酸氧化酶的成分，参与植株体内氧化还原过程。大豆缺铜时，叶片生长缓慢，呈现蓝绿色，幼叶缺绿，随之出现枯斑，最后死亡脱落。另外，缺铜会导致叶片栅栏组织退化，气孔下面形成空腔，使植株即使在水分供应充足时也会因蒸腾过度而发生萎蔫。大豆对铜肥低度敏感。在缺铜或近于缺铜的土壤上增施氮肥会加重缺铜的程度。铜与磷之间存在拮抗关系。重施磷肥或者经常施用磷肥可能导致缺铜或使铜含量降低。

3. 硼 硼以硼酸（H_3BO_3）的形式被植物吸收。高等植物体内硼的含量较少，在 $2\sim95$ mg/L。植株各器官间硼的含量以花最高，花中又以柱头和子房为高。硼与花粉形成、花粉管萌发和受精有密切关系。缺硼时花药花丝萎缩，花粉母细胞不能向四分体分化。硼能参与糖的运转与代谢，提高尿苷二磷酸葡萄糖焦磷酸化酶的活性，故能促进蔗糖的合成。尿苷二磷酸葡萄糖（UDPG）不仅可参与蔗糖的生物合成，而且在合成果胶等多种糖类物质中也起重要作用。硼还能促进植物根系发育，特别对豆科植物根瘤的形成影响较大，因为硼能影响碳水化合物的运输，从而影响根对根瘤菌碳水化合物的供应。此外，标记试验发现，缺硼对蛋白质合成也有一定影响。缺硼时，籽粒减少，根尖、茎尖的生长点停止生长，侧根、侧芽大量发生，其后侧根、侧芽的生长点又死亡，而形成簇生状。

　　硼是大豆不可缺少的微量元素之一。因此，硼对大豆的生长、繁殖起着重要的作用。硼还能增强大豆的抗逆性，如抗寒、抗旱的能力。大豆需硼量很小，硼又很容易致毒。因此，硼肥要慎重使用。常用的施硼肥方法为作基肥施入土壤和叶面喷施。试验结果证明，每公顷用 3 750 g 硼砂作基肥施用，可使大豆增产 9.3%；而用 666 mg/kg 浓度的硼砂喷洒，比对照增产 10.8%。硼砂溶液的喷施浓度不同，增产效果也不一样。浓度为 800 mg/kg 增产 10.1%，100 mg/kg 增产为 9.4%，浓度过大（1 500 mg/kg）增产仅为 2.2%。研究还表明，硼砂拌种是一项经济有效的方法。用 10 g 硼砂加水 250 mL，拌种 5 kg，增产可达 23.3%。

　　4. 锌　锌以 Zn^{2+} 形式被植物吸收。锌是合成生长素前体——色氨酸的必需元素，因锌是色氨酸合成酶的必要成分。缺锌时就不能将吲哚和丝氨酸合成色氨酸，因而不能合成生长素（吲哚乙酸），从而导致植物生长受阻，出现通常所说的"小叶病"。如大豆缺锌，下位叶有失绿或有枯斑，叶狭长，扭曲，叶色较浅。植株纤细，迟熟。锌是碳酸酐酶的成分，此酶催化 $CO_2 + H_2O \Longrightarrow H_2CO_3$ 的反应。由于植物吸收和排除 CO_2 通常都先溶于水，故缺锌时呼吸和光合均会受到影响。锌也是谷氨酸脱氢酶及羧肽酶的组成成分，因此它在氮代谢中也起一定作用。

　　大豆属于对锌敏感的作物。在缺锌土壤上施用锌，能起到明显的增产效果，增产率可达 14.2%。我国目前常用的锌肥是硫酸锌，它易溶于水，可施入土壤作基肥，每公顷用量 15～37.5 kg；作追肥，每公顷 15 kg 左右。叶面喷肥浓度一般为 0.1%～0.3%，每公顷需要硫酸锌溶液约 750 L。从施肥方式和时期看，基施、始花期追施和花荚期喷施分别比不施锌肥的对照增产 13.7%、12.1%、10.1%。另外，磷、锌肥配合施用的试验证实，锌的增产效果与磷的施用量有密切的关系。锌肥若同氮、磷肥配合施用，可以获得更大的增产效果。试验结果表明，每公顷施 $ZnSO_4$ 30 kg 比对照增产 8%；每公顷施 P_2O_5 90 kg 比对照增产 15.8%；而每公顷施 $ZnSO_4$ 30 kg、P_2O_5 90 kg 比对照增产 29%。

5. 锰 锰主要以 Mn^{2+} 形式被植物吸收。锰是光合放氧复合体的主要成员，缺锰时光合放氧受到抑制。锰为形成叶绿素和维持叶绿素正常结构的必需元素。锰也是许多酶的活化剂，如一些转移磷酸的酶和三羧酸循环中的柠檬酸脱氢酶、草酰琥珀酸脱氢酶、α-酮戊二酸脱氢酶、苹果酸脱氢酶、柠檬酸合成酶等，都需锰的活化，故锰与光合和呼吸均有关系。锰还是硝酸还原的辅助因素，缺锰时硝酸就不能还原成氨，植物也就不能合成氨基酸和蛋白质。缺锰时植物不能形成叶绿素，叶脉间失绿褪色，但叶脉仍保持绿色，此为缺锰与缺铁的主要区别。

大豆对锰高度敏感。对大豆的光合作用、呼吸作用、生长发育来说，都是不可缺少的微量元素。锰肥有硫酸锰、氧化锰、碳酸锰、磷酸铵锰等，最常用的是硫酸锰。硫酸锰适于土壤施用，每公顷用量一般在 15～30 kg；也适于叶面喷施，用 0.05%～0.1% 的硫酸锰溶液每公顷喷施 750 L 即可。试验表明，在有石灰性反应的土壤上，每公顷施硫酸锰 45 kg 作种肥，大豆平均增产 8.2%；而在无石灰性反应的土壤上，大豆平均增产 5.8%。

6. 钼 钼以钼酸盐的形式被植物吸收。当吸收的钼酸盐较多时，可与一种特殊的蛋白质结合而被储存。钼是硝酸还原酶的组成成分，缺钼则硝酸不能还原，呈现出缺氮病征。豆科植物根瘤菌的固氮特别需要钼，因为氮素固定是在固氮酶的作用下进行的，而固氮酶是由铁蛋白和铁钼蛋白组成的。缺钼时大豆叶较小，叶脉间失绿，有坏死斑点，且叶边缘焦枯，向内卷曲。

钼是大豆不可缺少的微量元素。施钼肥可增加大豆各组织的含氮量，提高蛋白氮与非蛋白氮的比率。因此，钼对大豆的氮素代谢有重要作用，能提高籽粒的蛋白质含量。施钼肥可以提高大豆叶片中的叶绿素含量。钼还能促进大豆植株对磷素的吸收、分配和转化，并能增强大豆种子的呼吸强度，提高种子发芽势和发芽力。

大豆对钼的需要量是很低的，每生产 100 t 大豆只需钼 308 mg 左右。由于钼在土壤中不容易淋溶损失，如果经常施用钼肥会使钼在土壤中积累，而钼过量又会带来毒害。因此，一般补充钼肥都采用拌种或叶面喷施的方法。应用较多的钼肥是钼酸铵和钼酸钠。应用时，每千克大豆种子用钼酸铵 1.5 g，用液量为种子量的 1% 即可，加水不宜过多，否则容易胀破种皮，带来不利影响。钼酸铵叶面喷施效果较好，浓度以 0.01%～0.1% 为好，每公顷用液量375～750 L。

7. 氯　氯是在 1954 年才被确定的植物必需元素。氯以 Cl^- 的形式被植物吸收。植物体内绝大部分的氯也以 Cl^- 的形式存在，只有极少量的氯被结合进有机物，其中 4 氯吲哚乙酸是一种天然的生长素类激素。植物对氯的需要量很小，而盐生植物含氯相对较高，为 70～100 mg/L。在光合作用中 Cl^- 参加水的光解，叶和根细胞的分裂也需要 Cl^- 的参与，Cl^- 还与 K^+ 等离子一起参与渗透势的调节，如与 K^+ 和苹果酸一起调节气孔开闭。大豆缺氯时，叶片萎蔫，失绿坏死，最后变为褐色；同时根系生长受阻、变粗，根尖变为棒状。在大豆栽培过程中，基本不施用氯肥，大豆生长发育所需的氯可以从土壤中获取。

第二节　膜下滴灌大豆常用肥料

大豆的一生需要吸收多种营养元素，主要是氮、磷、钾三要素，其次是钙、镁、硫等。同时也需要少量微量元素，如钼、硼、锰、铜等。大豆是需肥较多的作物。每生产 100 kg 大豆籽实及其相应的茎、叶、荚壳等，需要吸收氮 5.3～7.2 kg、五氧化二磷 1.0～1.8 kg、氧化钾 1.3～4.0 kg。大豆吸收的氮、磷、钾比稻、麦要多得多。大豆籽实含氮量是小麦的 2 倍多，是水稻的 4 倍多；

含磷量比小麦多 30%，比水稻多 40%；含钾量是小麦的 2 倍多，是水稻的 4 倍多。大豆不同生育时期的吸肥情况是不同的：从出苗到始花期，三要素吸收量占总量的 25%～33%；从始花期到鼓荚期是吸肥高峰期，吸氮量占总量的 54.6%，吸磷量占 51.9%，吸钾量占 61.9%。鼓荚以后，则对氮、钾的吸收量大为减少，但对磷的吸收却仍未停止。

一、大量元素肥料

1. 氮肥 氮肥是含有作物营养元素氮的一种肥料。元素氮对大豆生长起着非常重要的作用，它是大豆体内氨基酸的组成部分，是构成蛋白质的成分，也是大豆进行光合作用起决定作用的叶绿素的组成部分。

大豆根瘤菌的固氮作用是大豆根瘤菌与大豆共生过程中逐渐形成的，对满足大豆旺盛生长中期的氮素营养有着重要作用。因此，大豆苗期合理施用氮肥对于提高根瘤固氮能力、促进大豆旺盛生长和夺取高产有着重要作用。当前大豆生产中存在偏施和多施尿素的问题，而大豆对于氮、磷、钾营养的需求是全面的，尤其在高产高效生产中，植株要为根瘤菌提供相关营养条件如磷、钾、钙、铁和钼等。大豆植株的氮营养水平不宜过高，因为氮水平过高势必消耗较多的碳水化合物，使根瘤数量减少、体积变小、固氮能力减弱，还会抑制大豆根瘤菌的活性，减少主根上的有效根瘤。因此，在大豆生产中，氮肥的用量一般以不超过 75 kg/hm² 为宜，而且氮肥一般在膜下滴灌大豆生长前期滴施即可。

（1）膜下滴灌大豆施用主要氮肥种类介绍

① 液氨。液氨（NH_3，含氮 82%）是含氮量最高的氮肥品种。美国使用液氨量占农用氮的 40% 左右。我国液氨施用面积较小，主要在新疆生产建设兵团等大型农场应用。液氨的施用一般采用特定的施肥机械，将液氨注入 12～18 cm 深的土层后立即覆土，以免氨的挥发损失。液氨在土壤中移动性小，肥效较长，适合膜下滴灌

施用。

②硫酸铵。硫酸铵［$(NH_4)_2SO_4$］，简称硫铵，俗称肥田粉，是我国最早使用和生产的氮肥品种。纯净的硫酸铵为白色晶体，有少量的游离酸存在。若为副产品或产品中混有杂质时带微黄灰色等杂色。硫酸铵物理性质稳定，分解温度高，不易吸湿，易溶于水。我国现行硫铵的标准为：含氮（N）20.5%～21%，水分0.1%～0.5%，游离酸<0.3%。硫酸铵施入土壤后，由于作物对NH_4^+吸收相对较多，SO_4^{2-}较多残留于土壤中易引起土壤酸化，故硫酸铵是一种典型的生理酸性肥料。硫酸铵在石灰性土壤长期施肥易引起板结。硫酸铵宜作追肥用，用量应视作物目标产量和生长情况而定，一般每亩施10～20 kg较为经济。硫酸铵还可作基肥和种肥施用。

③碳酸氢铵。碳酸氢铵（NH_4HCO_3），简称碳铵。碳酸氢铵含氮（N）17%，是我国主要氮肥品种之一，占全国农用氮总量的50%左右，在农业生产中发挥着重要作用。碳酸氢铵是一种白色细粒结晶，有强烈的氨臭，吸湿性强，易溶于水，呈碱性反应。碳酸氢铵是一种不稳定的化合物，在常温下也很易分解释放出NH_3，造成氮素的挥发损失，故农民又称碳酸氢铵为"气肥"。影响碳酸氢铵分解的主要因素是温度和湿度，碳酸氢铵应避免在高温下储存和施用。

碳酸氢铵三个组分（NH_3、H_2O、CO_3）都是作物的必需养分，属生理中性肥料，长期施用不影响土质，是最安全的氮肥品种之一。碳酸氢铵适应于各种土壤和作物，可随膜下滴灌施用，也可作基肥。碳酸氢铵的肥效与施用方法有关，以深施作基肥的肥效较高。

④尿素。尿素因其价格、运输便捷、水溶性好等优势一般可作为膜下滴灌大豆氮肥的首选。尿素［$CO(NH_2)_2$，含氮（N）45%～46%］是人工合成的第一个有机物，同时它也广泛存在自然界中，如新鲜人尿中有0.4%的尿素。普通尿素为白色结晶，呈针状或棱柱状晶形，吸湿性较强。粒状尿素外观光洁，吸湿性明显改

善。尿素易溶于水，20 ℃时溶解量为 105％，尿素是中性小分子，不带电荷，转化前不易被土粒吸附，易随水淋失。

尿素施入土壤后，即在脲酶作用下开始水解，形成碳酸铵，再进一步分解为 NH_3 和 CO_2，然后通过硝化作用形成硝酸盐。尿素施入后水解产生的氨，会提高稻田水的 pH（可达 8～10），引起的氨挥发损失可占施入氮量的 40％～53％。在 pH＞6.5 的石灰性土壤上，可占施入氮量的 12％～50％。尿素还可随下渗水引起分子态尿素的淋失。尿素水解后形成的氨，在好气性氧化条件下较易转化为硝态氮，也可引起氮素的淋洗损失。可见，合理施用尿素减少其损失是充分发挥尿素肥效的关键。

尿素适应于各种土壤和作物，因其养分含量高、水溶性好，非常适合膜下滴灌施用。施用时期可适当提前几天，使其有分解转化过程。由于分子态尿素也较易淋失，故施用尿素时不宜浇水过多，以免淋洗至深层、降低其肥效。

（2）氮肥的合理施用　氮肥施入农田后的去向可以分为三部分：一是被作物吸收，即氮肥的当季利用；二是残留在土壤中；三是通过不同机制和途径而损失。氮肥的当季利用率是衡量氮肥增产效果的主要指标。目前，我国农业生产中氮肥利用率较低仅25％～40％，损失严重。科学合理地施用氮肥，是提高其利用率的主要技术措施。

① 调控氮肥施用量。一般随氮肥施用量的增加，作物产量逐步增高。但随施用量的增加，氮肥的利用率和增产效果都趋于降低，而氮肥损失及环境污染则趋于增加。因此，确定氮肥的适宜施用量可以协调高产与保护环境之间的关系。为提高氮肥肥效，生产中确定施氮量应考虑下述原则：a. 低肥力和低产地区可适当提高施氮量，以充分发挥氮肥的增产效果。b. 高肥力和高产地区则宜以经济效益最佳的施氮量作为指导施肥的依据，避免过多施用氮肥带来的负效应。c. 确定适宜的施氮量不仅要考虑当季作物的产量效应，还应考虑提高土壤供氮能力。

② 水氮综合管理技术。通过适宜的水肥综合管理技术，还能

达到作物正常生长、提高氮肥利用率的作用。

③ 氮肥与其他肥料配合施用。作物正常生长发育要求氮、磷、钾等多种养分元素的协调供应，氮肥只有配合磷、钾等肥料才能充分发挥其增产效果。我国多数土壤肥力较低，有机质含量较少，氮、磷的缺乏比较普遍。因此，氮肥与有机肥配合，及氮肥与磷肥、钾肥配合是主要的氮肥配施途径。

2. 磷肥　大豆作为一种油料作物，属于喜磷作物，需要较多的磷素营养。充足的磷肥供应对于保证大豆正常生长、提高大豆产量有重要作用。磷有促进根瘤发育的作用，能达到"以磷增氮"效果。磷在生育初期主要促进根系生长，在开花前可促进茎叶分枝等营养体的生长。磷在开花时充足供应，可缩短生殖器官的形成过程；磷不足，落花落荚显著增加。当土壤磷的供应不足时，大豆根瘤虽然能侵入根中，但是不结瘤。钼肥是根瘤固氮必不可少的微量元素，在土壤缺磷的情况下，单施钼肥反而会使根瘤减少。磷对根瘤中氨基酸的合成以及根瘤中可溶性氮向植株其他部分转移都有重要作用。因此，种植大豆或其他豆科作物，使用磷肥增产效果特别显著。

(1) 膜下滴灌大豆施用主要磷肥种类介绍

① 磷酸一铵。磷酸一铵又称磷酸二氢铵，目前我国应用普遍，是一种以含磷为主的高浓度速效氮磷复合肥。含有有效五氧化二磷60%左右，含氮量12%左右。外观为灰白色或淡黄颗粒。具有不易吸湿和不易结块的特性，适用于各种作物和各类土壤，特别是碱性土壤和缺磷较严重的地方，增产效果十分明显。

② 磷酸二铵。磷酸二铵又称磷酸氢二铵，是含氮、磷两种营养成分的复合肥，含五氧化二磷53.75%，含氮21.71%，是目前应用最广泛的磷肥产品。磷酸二铵呈灰白色或深灰色颗粒，易溶于水，不溶于乙醇。

③ 过磷酸钙。过磷酸钙为灰白色粉末或颗粒，含五氧化二磷14%～20%，硫酸钙40%～50%，此外还有游离硫酸和磷酸等。在膜下滴灌大豆种植中一般用作基肥。

④ 重过磷酸钙。重过磷酸钙是用磷酸和磷灰石反应，所得的产物中不含硫酸钙，而是磷酸二氢钙，这种产品被称为重过磷酸钙，为灰白色粉末，含有效五氧化二磷高达 30％～45％，为普通过磷酸钙的两倍以上，在膜下滴灌大豆种植中一般也用作基肥。

⑤ 磷酸二氢钾。磷酸二氢钾是由适当比例的磷酸一铵和碳酸钾发生中和反应生成的产品。含有磷和钾两种元素，用来供植物生长发育的需要，主要用作膜下滴灌大豆中后期叶面喷施。

（2）磷肥的合理施用　植物生长期都可以吸收磷，以生长早期吸收快，施用磷肥效果明显，所以磷肥强调及早、及时施用。由于磷元素易于在土壤中积累，在高磷水平下会出现磷元素过剩，所以磷肥不是越多越好。土壤有机质含量高能提升磷肥利用率，降低对磷的固定作用。同时强调磷肥与其他营养元素配合施用，促进营养平衡。膜下滴灌大豆磷肥滴施过程中，一般选取水溶性好、沉淀少、不易堵塞腐蚀毛管的磷肥，如工业级或食品级磷酸一铵、磷酸二铵、磷酸二氢钾等。一般不选取过磷酸钙等溶解中产生其他反应且不溶性成分很高的磷肥。

3. 钾肥　钾素营养及生理功能，钾是植物营养的三要素之一，它影响碳水化合物的合成和运输；影响到核酸和蛋白质的合成；对光合与呼吸作用可产生较大的影响。

钾也是大豆所需的主要营养元素之一。钾在土壤中的含量一般较高，但在农业生产过程中，往往存在重氮磷而轻施钾的观念。钾肥的施用较少或不施用造成钾素的相对缺少，特别是在高产栽培中更是表现出钾肥的不足。钾肥的施用对于提高作物抗逆性、防止作物早衰有重要作用。有机质含量低于 4％的黑土，在施用一定氮肥、磷肥和有机肥的基础上，增施适量的钾肥后大豆产量有显著提高。大豆施钾肥，在气候干旱和降水偏多的条件下，均影响钾的有效性。在干旱的年份施钾肥能提高大豆的抗旱能力；在积温较高地区，钾对大豆增产的贡献比积温偏低地区的贡献大；有机质含量较低（小于 2％）的土壤，在氮肥、磷肥和有机肥不同数量配比下，钾肥的增产效应随氮、磷肥用量的增加而提高。氮肥、磷肥投入水平高时，不施钾肥或供钾不足会严重影响氮肥和磷肥的增产效应；在氮肥、磷肥投入较低时，钾肥的增产效应也不能充分发挥。氮、磷、钾肥之间存在明显的正交互作用。对于土壤肥沃度中等或偏低的地区，必须实行氮、磷、钾平衡施肥，才能获得较高的大豆产量。

（1）膜下滴灌大豆施用主要钾肥种类介绍　钾在土壤中的化学行为要比磷酸盐简单。通过膜下滴灌系统施用钾肥有效性强，钾的利用率高达 90% 以上。钾在土壤中的移动性好，可随灌溉水的移动到达根系密集区域。

① 氯化钾。为白色晶体，分子式为 KCl。肥料级氯化钾含 K_2O 50%～60%，常因含少量的钠、钙、镁和硫等元素或其他杂质而带淡黄或紫红等颜色。氯化钾是生理酸性肥料，吸湿性不大，但长期储存会结块；特别是含杂质较多时，吸湿性增大，更容易结块。它易溶于水，是速效性钾肥。

② 硫酸钾。肥性酸性，具有价格低、含钾含硫不含氯（含 50% 钾、18% 硫）的特点，适合大部分土壤，用作基肥和追肥时使用。在洋葱、韭菜、大蒜等需硫、钾较多的作物上使用比较普遍，它常施用于忌氯喜钾的作物上。长期使用或者在钙含量较多的土壤上使用硫酸钾，容易造成土壤板结酸化。

③ 硝酸钾。肥性中性，属于无氯含钾含氮性钾肥（含 46% 钾、13.5% 硝态氮），具有价格中等、含钾量高、速溶性强、见效快的特点。既能补钾还能补氮，比较适合作追肥使用，而且长期使用不容易酸化土壤，在烟草、瓜果、蔬菜等经济作物上使用比较多；因为它含硝态氮，在水田使用会造成肥料流失，作物用肥过多，容易导致作物因氮肥过量而推迟成熟期。在作物需氮量大的生育期，可以使用硝酸钾。另外，在作物正常生长期和果实膨大期，可以使用硝酸钾。但开花结果期特别是果实上色期，最好使用磷酸二氢钾。

④ 磷酸二氢钾。市场上较普遍的磷钾肥之一，具有含量高、

纯度大、全水溶、见效快、适用范围广、安全系数高等特点，广泛适用于大田作物、经济作物、果蔬类等各种作物的不同生育期。既能作基肥、追肥，又能冲施、灌施、喷施，还能用来浸拌种。

⑤ 腐殖酸钾。是缓效性有机固态钾肥的一种，肥性碱性。因其含有生物活性强的腐殖酸，所以具有十分强的吸附、络合、螯合性，可以促进作物对钾更加有效地吸收利用，对于活化土壤、促进作物长势和抗性等都具有较好的效果，尤其对于复合性的腐殖酸钾，还能为作物提供氮、磷、钾、有机质和中微量元素等多种营养成分，能够广泛适用于各种作物的基肥、追肥和叶面喷肥。

(2) 钾肥的合理施用

① 根据土壤的地质情况、含钾量多少和不同作物的特性，选择最适用的钾肥种类。另外，土壤中速效钾直接决定着钾肥使用效果的高低，每 1 kg 土壤中速效钾含量低于 40 mg 的地块，为严重缺钾地块，可以亩均增施钾肥 15～20 kg 进行补钾，速效钾含量低于 80 mg 的地块补钾增产效果明显，速效钾含量在 80～120 mg 的地块可以不用补钾。

② 注意肥料间的互相影响作用，进行科学有效的适量补钾。充足的钾肥能促进氮肥的吸收，还能提高作物的抗寒、抗倒伏、抗病害能力；增施硼肥能够促进对钾的吸收，而钙、镁、锌过多则会抑制对钾的吸收，同时钾肥过多会降低作物对钙的吸收效果。

③ 降水较多、灌溉便利、排水条件好的地块，基本上都可以使用氯化钾。

④ 豆科作物和油料作物，保持钾肥充足能够取得更好的增产提质效果；对于膜下滴灌大豆使用价格更低的氯化钾，更能节省肥料投入成本，但在盐碱地不宜施用。

⑤ 大部分的钾肥一般用来作基肥和前期追肥使用，基肥和追肥配合使用效果最好；使用钾肥时，以深施到湿土层效果最好，这样钾离子不容易被土壤固定；在天气和土壤比较干旱的情况下补钾肥，最好叶面喷施磷酸二氢钾。

二、中量元素肥料

1. 钙肥　钙是植物细胞壁的成分元素。细胞壁的中胶层是由钙的化合物果胶钙组成。果胶钙同其他多糖类结合形成网状结构，维持细胞壁和膜结构的稳定性。

钙是多种酶的成分或活化剂。钙是 α-淀粉酶、三磷酸腺苷的组成元素，是精氨酸激酶、琥珀酸脱氢酶、卵磷脂酶的活化剂。钙同抗坏血酸氧化酶、固氮酶活性相关，礒井俊行等（1987）报道，钙与大豆结瘤固氮呈现较复杂的表征关系，环境中较高的钙浓度有利于根瘤侵染，但对固氮有抑制作用。

钙在大豆植株碳水化合物和氮化物代谢中起调节作用，钙与大豆植株的细胞分裂有关，能促进大豆幼嫩部分生长和根瘤的形成。缺钙影响大豆植株根系生长，减少结瘤，严重缺钙会导致根系生长停止。

钙与根系细胞膜上的类脂物质结合，促进膜稳定性，使细胞膜保持一定的孔径和通透性，从而有利于 K^+ 等离子的进入，减少细胞内 K^+ 等离子的外流。

2. 镁肥　镁是叶绿素的成分元素，在叶绿素分子结构中的卟啉环中央形成分子内络盐。镁占叶绿素分子量的 2.7%，而叶绿素的含镁量占全植株总镁量的 10%。镁的充足供应有利于增加大豆叶片的叶绿素含量，增强光合作用。

镁是多种酶的活化剂，故镁与多种酶的活性相关。这些酶参与碳水化合物代谢、脂肪代谢和氨基酸代谢。镁缺乏或不足，会影响这些代谢过程的正常进行。

镁是合成 ATP、磷脂、核酸、核蛋白等含磷化合物的必要元素。镁缺乏则将影响含磷化合物的合成，影响营养器官中的磷向结实器官的运转率，故镁缺乏会对大豆的生长发育过程及含磷物质的合成运输产生不利影响。

3. 硫肥　硫是大豆植株、种子蛋白质的组成元素，硫营养水平同大豆籽粒产量、籽粒营养品质以及大豆的结瘤固氮能力密切相关。硫是一些酶的成分，如磷酸甘油醛脱氢酶、脂肪酶、氨基转移酶、脲酶等都含有硫，这些酶在氨基酸、脂肪、碳水化合物的转化过程中起重要作用。硫是硫胺素、生物素及铁氧化还原蛋白等的构成元素，从而影响这些生命物质的代谢。另外，有研究资料报道，缺硫会影响叶绿素含量，叶片出现黄色。

三、微量元素肥料

大豆除了需要从土壤环境中吸收氮、磷、钾、钙、镁、硫等大量与中量元素之外，还需从土壤中摄取硼、锌、钼、铜、铁、锰等微量营养元素。这些元素虽然在大豆植株中含量不高，一般都在0.1%以下，但却是大豆进行正常生命活动完成生长发育过程不可缺少的元素。

20 世纪初，我国农用肥料结构开始由单一的以有机肥为主体的农家肥向有机肥料和化学肥料相结合的方向发展。20 世纪 50 年代以后，有机肥在肥料总量中所占比例日益减少，化学肥料比例日益增大。1957 年，我国肥料总用量约为 695 万 t，其中有机肥约占 91%；至 1990 年，全国肥料用量约为 4 147 万 t，其中有机肥只占 37.5%，化肥占总量的 60% 以上。2000 年，全国肥料总用量 6 074 万 t，其中有机肥的比重减至 31.7%，化肥占 68.3%。有机肥是含丰富有机物和各种营养元素的完全肥料，而化肥是一种或几种营养元素的肥料。由于氮、磷化肥施用比例增加，有机肥施用比例降低，土壤养分渐失平衡，微量元素养分随作物带走的多、补充的少，日益不能满足作物正常生长发育获取高产的需求，需要通过施肥加以补充。据 Murphy 和 Wasish（1972）推算，1 t 有机肥（干重）可提供的微量元素数量为硼、铜<0.05 kg/hm^2，锰、锌< 0.5 kg/hm^2，铁 10～20 kg/hm^2，若每公顷每季作物施 4 t 有机肥（以干重计算），基本上可以保持土壤中主要微量元素的平衡。我国在 20 世纪 70 年代以后，单位播种面积施用有机肥数量有所减少，

生产上化学肥料所占比例已达到 2/3 以上，而且单产水平提高较快，随作物收获带出土壤的养分不断增加，微量元素供应不足的耕地面积在不断扩大，特别是锌、硼、钼在全国大豆主产区均有大范围的缺乏。林葆（1999）报告资料，全国第二次土壤普查 12.9 万个土样分析结果，有 68.1％的耕地缺硼，59.8％的耕地缺钼，45.7％的耕地缺锌。这些元素的肥料已在生产中大面积施用。

20 世纪 50 年代，中国科学院林业土壤研究所开始进行大豆施用微量元素肥料的研究，结果表明，硼肥、锌肥、铜肥、钼肥、锰肥等均能增加籽粒产量。此后，东北、黄淮海及南方大豆产区相继开展大豆微量元素肥料应用研究，在几种主要微量元素肥料的生理作用，对大豆产量、品质及共生固氮的影响，大豆吸收积累的特点，大豆品种微量元素营养的基因型差异，以及微肥的施用条件与施用技术等方面取得诸多进展。钼肥、锌肥、硼肥等已在大豆生产中广泛应用。膜下滴灌大豆种植中施用的微量元素肥料一般分为以下几类。

1. 钼肥　钼是大豆根瘤的重要成分，钼与铁构成钼铁蛋白，1 个钼铁蛋白分子与 1 个或 2 个铁蛋白分子结合成有固氮活性的固氮酶，固氮酶在根瘤的固氮过程中催化空气中的 N_2 还原成 NH_3；钼又是硝酸还原酶的成分，同时又是叶绿素正常结构的必需元素，缺钼会导致叶绿素含量降低，影响大豆的光合作用。

一般来说，常用的钼肥有钼酸铵、钼酸钠、含钼矿渣、三氧化钼、含钼过磷酸钙。钼肥一般作基肥、种肥、追肥施用，施入土壤后肥效可持续数年。

2. 锌肥　锌是植物必需的微量元素之一。锌以阳离子 Zn^{2+} 形态被植物吸收。锌在植物中的移动性属中等。锌在作物体内间接影响着生长素的合成，当作物缺锌时茎和芽中的生长素含量减少，生长处于停滞状态，植株矮小；同时锌也是许多酶的活化剂，通过对植物碳、氮代谢产生广泛的影响，因此，有助于光合作用；同时锌还可增强植物的抗逆性；提高籽粒重量。中国缺锌土壤较多。缺锌土壤施锌增产效果显著，水稻和玉米尤为突出。

常用的锌肥一般有七水硫酸锌、氯化锌、氧化锌、螯合态锌、碳酸锌、硫化锌、磷酸铵锌。锌肥可以作基施、追施、浸种、拌种、喷施，一般叶面肥喷施效果最好。锌肥施用在对锌敏感作物，如玉米、水稻、花生、大豆、甜菜、菜豆、果树、番茄等上施用效果较好；在缺锌的土壤上施用锌肥较好；在不缺锌的土壤上不用施锌肥。如果植株早期表现出缺锌症状，可能是早春气温低，微生物活动弱，肥没有完全溶解，秧苗根系活动弱，吸收能力差；磷与锌的颉颃作用可能会造成土壤缺锌。但到后期气温升高，此症状就消失了；锌肥作基肥用硫酸锌 $20\sim25$ kg/hm^2，要均匀施用，同时要隔年施用，因为锌肥在土壤中的残效期较长，不必每年施用。

3. 硼肥 常规硼肥是指以硼砂、硼酸、硼镁肥等为主的硼化工制品作为农业用的微量元素肥料。硼是植物必需的营养元素之一，以硼酸分子（H_3BO_3）的形态被植物吸收利用，在植物体内不易移动。硼能促进根系生长，对光合作用的产物——碳水化合物的合成与转运有重要作用，对受精过程的正常进行有特殊作用。

市场常见的硼肥品种如下。

（1）硼砂 化学名工业十水合四硼酸钠（$Na_2B_4 \cdot 10H_2O$），是提取硼和硼化合物的原料，国家标准一等品，主含量（$Na_2B_4 \cdot 10H_2O$）$\geqslant95.0\%$，折合硼（B）含量 11%，外观呈白色细小晶体，难溶于冷水，硼素易被土壤固定，植物当季吸收利用率较低，是常用的单质硼肥品种。

（2）硼酸 分子式 H_3BO_3，含量（国标）$\geqslant99.5\%$，折合含硼（B）量约 17%，由硼镁矿石与硫酸反应，经过滤、浓缩、结晶、烘干而制成。硼酸为无色带珍珠光泽的三斜鳞片状结晶或白色细粒晶体，可溶于水。它是无机化合物硼素化工原料，也是传统的硼肥品种之一。

（3）硼镁肥 生产工业硼酸的副产品，主要成分为硫酸镁（$MgSO_4 \cdot 7H_2O$）和硼酸（H_3BO_3），主含量 $85\%\sim93\%$，其中硫酸镁占 80%～90%，硼酸占 3.6%，折合硼（B）含量 0.5%～1%，外观呈白色或灰白色结晶颗粒或粉末，水溶解性好，是含镁并含少量硼的中量元素肥料，适宜在缺镁并轻度缺硼的酸性土壤上作基肥施用。

要合理施用硼肥。基施：缺硼较重土壤，可选硼砂作基肥，以延长土壤供硼时间。亩用量 0.5～1 kg，在农作物播种时将所选购的硼肥，与农家肥、化肥或适量干细土充分混匀作基肥穴施或条施，尽量避免与种子接触。缺硼不太严重且土壤黏重的地区施用硼砂，防止硼砂残留造成土壤酸化对作物产生毒害，可考虑两年施一次。叶面喷施，土壤一般性缺硼或缺硼不太严重时，叶面喷硼可根据作物生长情况灵活、适时补硼，效果显著。具有省肥、减少污染、植物吸收快特点，是最常用的施硼方法，可在叶面的正反面喷施，但因气孔在叶面的反面，故反面喷施效果更好。

4. 铁肥　铁在大豆植株体内产生化合价的变化，还能形成螯合物，影响多种酶的活性。因此，铁在植株内的氧化还原过程、光合作用、共生固氮以及营养物质的运转等生命活动密切相关。

市面上常用的铁肥有硫酸亚铁、硫酸亚铁铵、螯合态铁、硫酸铁、磷酸铵铁等。硫酸亚铁主要用于叶面喷施，也可用作基肥。有机铁肥和螯合铁肥用于喷施，效果更好，但成本高。由于铁肥施用量大，易迅速氧化成高价铁，故很少直接施入土壤中。一般用叶面喷施法。可溶的铁盐或有机铁肥溶液都可以喷施，能够避免土壤条件的不良影响，且用量小、收效快。缺点是需要经常喷施。有机铁肥的效果比无机铁肥的效果好，所需喷施的次数也少。

5. 锰肥　锰是大豆进行光合作用、呼吸作用和生长发育必需的微量元素。锰主要品种有一水硫酸锰和三水硫酸锰。碳酸锰、含锰玻璃肥料、炼钢含锰炉渣、含锰工业废弃物和螯合锰也可作为锰肥施用。锰肥品种的选择由施用方式来决定。可溶态的锰肥可以作为基肥和种肥施入土壤，或者进行种子处理或喷施。难溶性锰肥只能施入土壤。螯合态锰则作喷施用。由于可溶态锰肥施入土壤后会很快转化为无效态锰，因此，要慎选施用方法以确保其效果。

锰肥可作基肥，条施的效果并不亚于撒施，而且所需锰肥较少。喷施是施用锰肥效果最好的方法。喷施和种子处理都是直接向植物施肥，能够避免土壤对其肥效的影响，有望逐渐取代直接施入土壤。

6. 铜肥 铜是大豆体内多种氧化酶的成分或活化剂，同时构成铜蛋白参与光合作用。研究结果表明，施用铜肥可增加大豆茎叶干重、根瘤重、籽粒重及叶绿素、胡萝卜素和叶黄素含量。五水硫酸铜是最主要的铜肥，一般用作喷施，叶面喷施浓度在0.02%以下。一水硫酸铜、碱式碳酸铜、氯化铜、氧化铜、氧化亚铜、硅酸铵铜、硫化铜、铜烧结体、铜矿渣、螯合铜等均可作为铜肥施用。

第三节　膜下滴灌大豆生物有机肥

生物有机肥料，是指畜禽粪便、秸秆、农副产品和食品加工的固体废物、有机垃圾以及城市污泥等经微生物发酵、除臭和腐熟后加工而成的肥料。其具有以下优点：一是有机质含量大于或等于35%，氮、磷、钾总含量为6%，符合商品有机肥产品质量指标。二是含有大量的有益微生物代谢产物。三是卫生标准明显高于一般有机肥料，生物有机肥无恶臭味，生产成本比较低。

现代农业生产对多功能肥料的迫切需求，使生物有机肥料的研究开发具有很大的前景。化肥虽然能够提高作物的产量，但是若长期大量施用，不但增产效益明显下降，而且会污染环境。传统有机肥料不仅有效养分含量低，而且在制造、施用过程中消耗大量的人力和物力，又不卫生。生物肥料虽然在农业生产，改善土壤生态环境等方面起到不可忽视的作用，但是它不能完全代替化肥或者有机肥，只在一定程度上起到提高肥效、减少流失的辅助作用。生物有机肥在常规菌肥基础上，增加有机物或者在微生物加入条件下加大有机物质的比重，突出微生物和有机质的作用。添加的有益活菌能固定空气中的氮素，矿化分解土壤中潜在的矿物养分，以及在繁殖代谢过程中产生生理活性物质，刺激或调控作物生长。肥料施入土壤后，大量有益菌先入为主，抑制有害菌增殖，保持土壤微生态平衡，并可增强土壤生物活性和生化活性，改善作物根际环境，起到防病壮苗的作用。在生产中，生物有机肥将生物肥料和有机肥料结合起来，扬长避短，具有广阔的发展前景。

由于农业化学的发展，化肥农药大量施用于农田，给大豆产业带来了严重的副作用。大豆产品质量下降，土壤退化、侵蚀严重，土壤的生产力下降、污染加重，大豆生产环境不断恶化。必须寻求大豆产业的可持续发展道路，以保证大豆安全和生产环境良好。因此，合理施用生物有机肥不仅是膜下滴灌大豆优质高产和提高土壤肥力的重要措施之一，也是保护自然资源与农业环境、维护改善生态环境、促进大豆产业可持续发展的必然趋势。

一、生物有机肥对膜下滴灌大豆土壤的影响

1. 提供养分全面　生物有机肥含有作物所需要的营养成分和各种有益微生物，而且养分比例全面，有利于作物吸收。当土壤施入生物有机肥后，不仅增加了土壤中的有机质含量，而且肥中所含有的固氮、解磷、解钾菌等大量微生物进入土壤后，有助于分解和释放有效养分，供作物利用。微生物的生命活动还促进施入土壤的有机质的矿化，把有机养分转化成作物能吸收利用的营养元素。相比于化肥，生物有机肥不会因多施而造成土壤某种营养元素大量增加，破坏土壤养分平衡，造成土壤板结等现象，引发各种土传问题。但需要注意的是，生粪不宜直接当作有机肥施用，因为其中往往包含大量病菌和虫卵，极易引发作物病虫害灾害，建议购买成品生物有机肥。

2. 促进土壤微生物繁育　生物有机肥含有大量的有机质，是各种微生物生长繁育的地方。据研究，深耕配合施用有机肥，土壤固氮菌比对照增加近 1 倍，纤维分解菌增加近 2 倍，其他微生物群落也有明显增加，所以施有机肥能大大促进新开垦土地的熟化进

程，搭配肥料自带的有益菌，可以迅速挤占营养空间，让病原菌无法生长。另外，有机肥在腐解过程中还能产生各种酚、维生素、酶、生长素等物质，促进作物根系生长和对养分的吸收。

生物有机肥的施用可显著改善土壤微生物群落结构，使土壤微生物对碳水化合物的利用能力提高，可为土壤微生物供给更多的可利用底物，改善土壤微生物群落功能。且施用生物有机肥具有明显的促进土壤微生物活性长效性的作用，有利于土壤有效养分的转化。施用生物有机肥具有明显提高土壤微生物群落功能的作用，对增强土壤利用碳源能力有显著影响。施用生物有机肥后土壤微生物营养得以改善，代谢能力提高，进而竞争力加强。多样性强的土壤对病原菌具有较强的抑制作用，施用生物有机肥可提高土壤微生物活性，改善微生物结构和功能，从而实现土壤微生物生态平衡，抑制作物病害，是一条有效的生态调控防病途径。

3. 施放养分、提高肥效 生物有机肥中含有许多有机酸、腐殖酸、羟基等物质，它们都具有很强的螯合能力，能与许多金属元素如锰、铝、铁等形成螯合物，可减少锰离子对作物的危害。又可防止铝与磷结合成很难被作物吸收的闭蓄态磷而无效化，大大提高土壤有效态磷的有效性。同时，微生物在自身生理活动中也能分解被固化的营养物质，促进有机质转化成植物易吸收的速效态营养，提升肥效。所以在化肥使用过量的土地上搭配使用生物有机肥，可以减量不减产，达到改良土壤、培肥地力的效果。

土壤施入生物有机肥后可以大量增加土壤有机质含量。有机质经微生物分解后形成腐殖酸，其主要成分是胡敏酸。它可以使松散的土壤单粒胶结成土壤团聚体，使土壤容重变小，孔隙度增大，易于截留吸附渗入土壤中的水分和释放出的营养元素离子，使有效养分元素不易被固定。另外，由于生物有机肥中含有大量微生物活体，施入土壤后，使得土壤中微生物活性显著增加，促进土壤难溶性矿物质养分的释放，同时有些微生物能分泌植物激素，从而促进作物生长。有些真菌还能分解土壤中的有机物质，释放出糖类，促进固氮菌的生长，进一步提高土壤养分有效性，而随着有益微生物增加。这样由于土壤的保肥、保水性能得到加强，从而提高了土壤肥力。有机质经微生物分解，缩合成新的腐殖质，它能与土壤中的黏土及钙离子结合，形成有机无机复合体，促进土壤结构改良，降低了土壤容重，从而可以协调土壤中水、肥、气、热的矛盾，改善土壤理化性状。

生物有机肥具有肥效缓释的作用，有利于膜下滴灌大豆土壤养分的可持续利用。在堆肥过程中，微生物的繁殖吸收了化肥的无机氮和磷，转化为菌体蛋白、氨基酸、核酸等成分。一部分极易挥发的 NH_3 被微生物增值过程中产生的代谢产物如有机酸所固定，部分 NH_3 则被有机废弃物的降解产物如腐殖酸所固定。部分化肥被吸持在微生物的巨大荚膜之中，如硅酸盐细菌的荚膜和菌体吸持钾的功能使钾的流失减少了 $1/3 \sim 1/2$。部分有机态氮包括微生物菌体在土壤中再经矿化转变为水稻可直接利用的化合物，从而达到缓释效果，减少化肥流失。

4. 改善土壤理化性质　微生物可以促进土壤团粒结构的形成，而有机-无机团聚体是土壤肥沃的重要指标，它含量越多，土壤物理性质越好，土壤越肥沃，保土、保水、保肥能力越强，通气性能越好，越有利于作物根系生长。板结的土地之所以不易于耕种，就是因为其团粒结构差，土壤不透气，不保水，根系及有益活性菌难以生长。因此，作物发育不了，极易得病。生物有机肥一方面是团粒结构的胶结剂，能够改善土壤孔隙状况，促进团粒结构形成，降低土壤容重；另一方面，生物有机堆肥中的大量有益菌能够产生大量的多糖物质，这些多糖物质大都属于黏胶成分，与植物黏液、矿物胶体和有机胶体结合在一起，可以改善土壤团粒结构，增强土壤的物理性能。

5. 提高土壤保肥保水能力　生物有机肥料都有较强的阳离子代换能力，可以吸收更多的钾、铵、镁、锌等营养元素，防止淋失，提高土壤保肥能力。此外，生物有机肥还具有很强的缓冲能力，可防止因长期施用化肥而引起酸度变化和土壤板结，可提高土壤自身的抗逆性，保证土壤良好的生态环境。

二、生物有机肥对膜下滴灌大豆产量的影响

生物有机肥对大豆增产作用显著。1998 年，孟军等报道，增施有机肥有利于提高大豆产量，并提出了提高有机肥利用率的条件及提高大豆产量施用方法。马志军等报道了施用腐殖酸有机肥，施用量增加产量也随之增加。台莲梅等报道，在连作大豆条件下，两年施用 3 种农家有机肥（猪粪、鸡粪、羊粪）处理，试验结果表明，施用有机肥的处理产量均比对照区高。罗连光等报道，稀土生物有机肥可增加大豆单株根瘤数，并使大豆分枝数、单株荚数和单株粒数等产量构成因素提高，从而显著提高大豆产量。孙俊华等报道了 MI 生物有机肥与常规肥料相比，增产增效效果明显。盛德贤等施用烟草秸秆生物有机肥作为底肥，能促进大豆植株矮化、结荚数多，增产效果显著。

研究表明，生物有机肥与化肥混施增产效果最理想。路宪春等认为，在大豆上施用生物有机肥有助于促进大豆根系结瘤及固氮；生物有机肥与化肥合理配施，可显著提高经济效益。朱宝国等报道，不是有机肥等施用量越高，大豆产量越高，而是与化肥施用比例各占 50% 产量最高。李远明等认为，重迎茬大豆公顷施用生物菌肥和化肥配合以一定比例（生物菌肥 375 kg、磷酸二铵 90 kg、尿素 37.5 kg、硫酸钾 37.5 kg）施用，增产效果显著。随着研究开发不断深入发展，有机肥的种类也更丰富，多功能有机肥、多肽活性有机肥等也应用于生产中，王洪军等报道了施用生物有机肥、多功能有机肥、多肽活性有机肥可提高单株荚数、粒数及百粒重等，对大豆产量有明显的促进作用。

三、生物有机肥对膜下滴灌大豆品质的影响

研究表明，施用生物有机肥有助于提高大豆蛋白和脂肪含量总量。朱宝国等报道，混施有机肥和化肥，有机肥比例越高，大豆蛋

白和脂肪总含量越高。李鸣雷等认为,生物有机肥与化肥增产作用相当,但可以显著提高大豆的品质。朱宝国等以常规施肥、有机肥、控释尿素和控释复合肥4种肥料试验,与不施肥相比,不同肥料均可以提高大豆籽粒品质,但是大豆籽粒蛋白质提高最大的处理为有机肥处理。

四、生物有机肥对膜下滴灌大豆根际土壤微生物及酶活性影响

研究表明,长期施用有机肥或有机与无机肥配施可改变土壤微生物数量,提高土壤中细菌、真菌和放线菌的数量。塔莉在2012报道增施牛粪有机肥,每个品种在整个生育期,细菌、放线菌数量都比施入化肥增加,真菌数量减少,但是在开花期、结荚期、成熟期3个阶段减少幅度不同。张静等将腐熟的鸡粪有机肥与枯草芽孢杆菌、巨大芽孢杆菌和胶质芽孢杆菌3种生防细菌结合,制备成生物有机肥,研究结果表明,施用生物有机肥以后,土壤脲酶、磷酸酶、过氧化氢酶和蔗糖酶等土壤酶活性有所提高,防病促生长效果好。

五、生物有机肥对膜下滴灌大豆抗逆性的影响

在生物有机肥中含有多种特效菌,在微生物的生长繁殖过程中,能分泌出多种抗生素及植物生长激素。不但能抑制植物病原微生物的活动,起到防治植物病害的作用,而且能刺激作物生长,使其根系发达,促进叶绿素、蛋白质和核酸的合成,提高膜下滴灌大豆的抗逆性。

六、生物有机肥在膜下滴灌大豆生产中的展望

生物有机肥可改良土壤理化性状,增加土壤有益微生物含量,

促进大豆根系发育，提高产量和品质，是安全高效施肥重要的肥料来源。发展生物有机肥料也是发展大豆产业走向绿色、有机种植的必需条件之一。

秸秆还田将是发展生物有机肥重要途径之一。秸秆还田可以改良土壤，提高土壤通透性，增加微生物含量，增加有机质含量，减少病害发生；还可充分利用作物残茬，避免因为焚烧秸秆造成环境污染，既保护环境，又实现节本增效。其实生物有机肥对大豆的好处很多，既能使种植的大豆丰产还能达到比较好的质量，而且还能改善土壤的营养。

第四节　沙质荒漠条件下膜下滴灌大豆的施肥要求

农田水肥管理的目标是最大限度地提高水分养分利用率和作物产出，并尽可能减少地下水的污染。滴灌技术已经被广泛地应用于农业生产，并被认为是一项可持续的灌溉管理措施。灌溉和施肥频率是滴灌农田水肥管理中的重要调控因素。研究表明，灌溉频率直接影响了土壤中水和氮素的运移分布、根系分布及其对水分和养分的吸收。Jordan 等和 Wang 等研究认为，高灌溉频率能为作物提供最适的水肥条件，但会导致水和养分向根区以下转移；而灌水频率过低，可能导致作物水肥不足，生长受到抑制。El-Hendawy 等认为，灌溉间隔为 3 d 时较适合玉米的生长，可增加玉米产量，提高氮肥利用率。以上研究结果都表明，滴灌条件下灌溉频率对作物的生长和产量有明显的影响。由于就大豆高产栽培时需要的 P、K 的用量前人已经进行了大量工作，在该项目实施过程中，未对沙质土壤条件下的 P、K 的用量继续进行更加细致的研究，仅就自制有机肥在沙质土壤上的投入量及施肥频率进行了试验。为了探讨液体有机肥用量与滴灌施肥频率对大豆生长、氮素吸收以及产量的影响，为有机大豆生产制订合理的灌溉施肥制度提供理论依据，在新疆天业农业研究所院内进行了施肥量和滴灌施肥频率对大豆氮素吸收和产量的影响的研究。

一、试验基本情况

1. 试验地基本情况介绍　试验于 2013 年在天业农业研究所院内的沙质土壤试验地中进行。大豆品种为龙选 1 号。种植采用覆膜栽培，一膜两管四行，行距配置为 [(20＋40＋20)＋60] cm，株距 10 cm，滴灌管线铺设在两行作物中间，种植密度 28.5 万穴/hm²。大豆生育期间，灌溉从 5 月 25 日开始，8 月 15 日结束，不同处理的总灌溉量相同，均为 3 750 m³/hm²。大豆由于后期（即进入结荚盛期）再施入大量的氮肥容易造成落花落荚，大豆田间管理要求在结荚盛期前将所需氮肥全部施入。因此，该年该试验的施肥处理 7 月 25 日前结束，2 个滴灌施肥频率处理 F5（5 d）和 F10（10 d）的施肥次数分别为 12 次和 6 次。所有肥料全部作追肥，在生长期间溶于水中随水滴施。每次灌溉施肥时，各试验区的用量依据相应肥的总用量和灌溉施肥频率设计进行计算，然后通过单独的施肥装置进行施肥。其他栽培管理措施同当地大田管理。

该沙土试验地基础条件为 N 10.755 6 mg/kg、P 6.754 9 mg/kg、K 156.685 3 mg/kg、有机质 0.696 5%，而普通壤土的以上 4 项数据为 N 59.866 5 mg/kg、P 100.202 4 mg/kg、K 694.478 7 mg/kg、有机质 4.415 2%，沙土的各项指标都远远低于普通壤土的数值，这就需要利用肥料来补足这个差距。试验共 8 个处理，每个处理试验小区面积为 31.5 m²（3 m×1.4 m×7.5 m）。其中液体有机肥设置 3 个水平，施入量为（N1）750 kg/hm²、（N2）1 500 kg/hm²、（N3）2 250 kg/hm²（按氮肥投入量计算，分别是推荐氮肥用量的 50%、100%、150%），另一个处理为 CK，肥料投入为当地大豆种植推荐用量 525 kg/hm²（其中尿素 240 kg/hm²，磷酸钾铵 285 kg/hm²）。滴灌施肥频率设置 2 个，分别为灌溉间隔 5 d 和 10 d。

2. 有机肥的营养成分 对本试验所用液体有机肥进行取样，主要分析其主要肥料元素及有机质的含量，其结果见表 3-1。

表 3-1 液体有机肥分析结果

全氮 (%)	全磷 (%)	全钾 (%)	有机质 (%)
7.357 6	8.861 1	15.413 3	19.763 8

3. 采样及测定方法 开始施肥处理后，每隔 10 d 采集植株样品，将植株的茎、叶、荚分开，70 ℃烘干 48 h 后称重。鼓粒基本完成，植株下部叶片开始出现枯黄脱落时（8 月 9 日左右）的植物样品粉碎后，过 100 目筛，以 $H_2SO_4 - H_2O_2$ 法进行处理，用半微量凯氏滴定法进行测定全 N 含量。在收获时测定产量。

二、结果与分析

1. 干物质积累动态 不同施肥处理和滴灌施肥频率处理干物质积累动态见图 3-1。其中播种后 80～110 d 是干物质积累速度最快的时期，其单株干物质日均增长量达到 0.98 g 左右。

对照施肥两个施肥频率（F5 和 F10）的干物质积累从施肥处理开始就出现了一定的差异，这差异逐步扩大。低施肥量（N1）和中施肥量（N2）水平下，两个施肥频率处理干物质积累量在播种后 40～80 d 的差异不大；播种 80 d 以后，高施肥频率处理（F5）干物质积累加快，明显高于低施肥频率处理（F10）。这可能是由于在相同灌水和施肥量的情况下，高的施肥频率可使水分和养分基本保持在作物根系附近，减少了一次大量灌水施肥将养分淋洗到根区以下而造成肥料浪费。播种 80 d 后，生长进入生长旺盛期，也是水肥需求的关键期。此时高的灌溉施肥频率提高了水分和养分的供给效率，使得大豆植株处于较为优越的生长环境，有利于生长

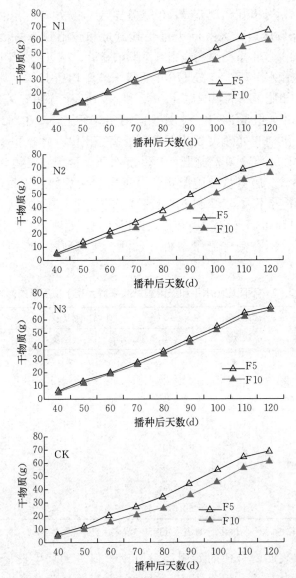

图 3-1 施肥量和滴灌施肥频率对大豆干物质积累动态的影响

促进了干物质积累。高施肥量（N3）水平下，F5 和 F10 处理间在播种 80 d 后才开始出现差异，但是差异始终很微弱。

2. 干物质重　大豆叶干重受施氮量和施肥频率的影响不大（表 3-2）。茎干重受滴灌施肥频率影响显著，施氮量的影响不大。在不同施氮水平下，F5 处理茎干重较 F10 平均高 17%。荚干重受施氮量和施肥频率的影响显著。N2 和 N3 处理荚干重显著高于 N1 和 CK 处理，但是 N2 和 N3 处理间的差异不显著。在 N2 和 N1、CK 水平下，F5 处理大豆荚干重显著高于 F10，荚干重分别增加 15% 和 12%；但是在高施肥（N3）条件下，两个施肥频率处理间的差异不大。施氮量和施肥频率显著影响大豆的总干重，N1 与 CK 处理差异不大，N2 和 N3 处理大豆总干重显著高于 CK 处理，分别高 11% 和 9%。在 N2 和 N1 水平下，F5 处理大豆荚干重显著高于 F10，但在高施肥量条件下，两个施肥频率处理间的差异不大。

表 3-2　不同施肥水平和滴灌施肥频率对大豆干物质重的影响

施肥水平	施肥频率（次/d）	干物质重（g）			
		茎	叶	荚	合计
N1	5	13.47a	8.35a	41.30a	63.12b
	10	10.46c	7.90a	36.94d	55.30c
N2	5	13.30a	9.68a	46.85a	69.83a
	10	11.46bc	9.19a	40.68c	61.33b
N3	5	13.51a	7.85a	44.50ab	65.85ab
	10	12.55ab	9.13a	41.65bc	63.33b
CK	5	13.39a	8.54a	41.45a	64.17b
	10	10.37c	7.78a	36.73d	56.36c

注：表格中同一列有相同字母表示处理间差异未达到显著性水平（$P<0.05$）。

结果表明，合理的氮肥用量有助于促进大豆生长，尤其是增加荚干物质重；但氮肥用量过大并不能够显著提高大豆的干物质积累量。在中氮（N2）和低氮（N1）水平下，高滴灌施肥频率（F5）可显著促进大豆茎和荚的生长，增加干物质积累量；但是氮肥用量较大（N3）时，滴灌施肥频率对大豆的生长影响不大。

3. 氮素吸收　大豆各个器官的氮素含量受施氮量的影响显著（表3-3）。随着施氮量的增加，大豆茎和叶的氮素含量有所降低，荚的氮素含量却随施氮量的增加而增加。滴灌施肥频率对大豆的叶和荚的氮素含量的影响显著，F5处理大豆叶和荚的氮素含量显著高于F10。

表3-3　施肥量和滴灌施肥频率对大豆氮素含量和氮素积累量的影响

施肥水平	施肥频率（次/d）	氮素含量（g/kg）			氮素积累量（g/m²）			
		茎	叶	荚	茎	叶	荚	合计
N1	5	11.7a	36.0a	23.0b	2.5a	6.2a	19.6c	28.3bc
	10	11.6a	32.3c	23.6b	2.7a	5.2a	18.1d	26.0d
N2	5	10.0b	32.6bc	25.7a	2.7a	6.4a	24.8a	33.9a
	10	10.7b	31.7c	23.3b	2.5a	6.0a	19.5c	28.0c
N3	5	10.7b	34.5ab	25.0a	2.9a	5.5a	22.9b	31.3ab
	10	10.9b	30.5c	24.9a	2.8a	5.7a	21.3b	29.9bc
CK	5	10.1b	32.7bc	25.8a	2.5a	6.3a	19.7c	28.5bc
	10	10.6b	31.6c	23.3b	2.6a	5.1a	18.2d	25.9d

注：表格中同一列有相同字母表示处理间差异未达到显著性水平（$P < 0.05$）。

大豆茎、叶的氮素吸收量受施氮量和滴灌施肥频率的影响不大，荚的氮素积累量受施氮量、滴灌施肥频率及其交互作用显著。N2与CK处理氮素积累量差异不大，N3和N2处理大豆荚的氮素积累量显著高于CK处理。在中施肥量（N2）和低施肥量（N1）水平下，F5处理大豆荚氮素积累量显著高于F10，荚氮素积累量分别增加27%和8%；但是在高施肥量条件下，两个施肥频率处理间的差异不大。

大豆的氮素积累总量随氮肥施用量的增加而增加。N1与CK处理差异不大，N3和N2处理大豆的氮素积累总量显著高于N1及

CK 处理，较 CK 处理高 11％～12％；但 N3 和 N2 处理间大豆的氮素积累总量差异不显著。同样，在中施肥量（N2）和低施肥量（N1）水平下，F5 处理大豆荚氮素积累量显著高于 F10，荚氮素积累量分别增加 21％和 13％；但是在高氮条件下，两个滴灌施肥频率处理间的差异未达到显著水平。

4. 产量 大豆的单株粒数、百粒重和产量不受灌溉施肥频率和施氮量交互作用的影响（表 3-4）。施肥量对大豆单株粒数的影响显著，但对百粒重的影响不显著。N2 处理大豆单株粒数最高，其次是 CK、N1 和 N3 处理。大豆产量受施氮量影响显著，3 个施肥量水平下，大豆平均产量的大小顺序为：N2＞N1＞N3。滴灌施肥频率显著影响大豆的单株荚数和产量。F5 处理单株粒数和产量（除 N3 水平）显著高于 F10 处理。本研究中施肥量 1 500 kg/hm² （N2）和滴灌施肥频率 5 d 处理的产量最高。

表 3-4　施氮量和滴灌施肥频率对大豆产量的影响

施肥量	施肥频率（次/d）	单株粒数（个）	百粒重（g）	产量（kg/hm²）
N1	5	162.9a	22.325a	5 750.1a
	10	139.2c	22.175a	4 636.8b
N2	5	165.7a	22.260a	5 905.9a
	10	147.5b	21.980a	5 000.1b
N3	5	139.1c	22.190a	4 725.3c
	10	137.6c	21.895a	4 714.8c
CK	5	157.8a	22.175a	5 487.2a
	10	143.7b	21.897a	4 953.6b

注：表格中同一列有相同字母表示处理间差异未达到显著性水平（$P<0.05$）。

根据各施肥量的平均产量进一步进行经济效益分析（分析结果见表 3-5）。单从经济效益可以看出，除了施肥量 2 250 kg/hm² 由于投入的肥料成本过高净收益出现了负值外，其他施肥量都获得了数额不等的净收益。施肥量 750 kg/hm² 的经济效益比常规施肥有所提高，增加了 17.69%；施肥量 1 500 kg/hm² 的经济效益比常规施肥有所下降，下降了 24.61%。

5. 经济效益分析　见表 3-5。

表 3-5　经济效益分析

处理	产量（kg/hm²）	肥料投入成本（元/hm²）	大豆销售金额（元/hm²）	净收益（元/hm²）	备注
施肥 750 kg	5 198.45	1 500	18 194.58	1 694.58	肥料投入成本是按天业农业高新技术有限公司的内部推广价格 2 元/kg 计算，其他肥料的价格按市场目前平均价格计算（尿素 2.05 元/kg，磷酸钾铵 4.7 元/kg）。大豆销售价格是按 2012 年的网络查询价格 3.5 元/kg 计算，其他物化成本按 15 000 元/hm² 计算
施肥 1 500 kg	5 453.00	3 000	19 085.50	1 085.50	
施肥 2 250 kg	4 720.05	4 500	16 520.18	−2 980.00	
CK	5 220.40	1 831.5	18 271.40	1 439.90	

三、结论

综上所述，大豆播种后 80～110 d 是干物质积累速度最快的时期。播种 80 d 后，大豆生长进入旺盛期，也是水肥需求的关键期，此时提高灌溉施肥频率可以满足大豆对水分养分的需求，促进大豆生长。高施肥频率处理（F5）大豆的干物质重、氮素积累量和大豆产量均显著高于低施肥频率处理（F10）。因此，在大豆水肥需求的关键时期，适当提高滴灌施肥频率，可以增加大豆产量，提高肥料利用效率。据有关资料显示，2013 年大豆生长期（4～9 月）的降水量为 72.9 mm，仅为历年 141.5 mm 的一半，说明 2013 年的气象状况从降水量上来说不是十分理想，或多或少会对试验结果存在一定的影响。但石河子地区是以灌溉为主的农业地区，降水量的减少对作物的影响可以由及时灌溉得到较好的补充。根据 2013 年的数据分析结果，结合 2014 年的生产试验结果可以得出如下结论：在沙土地中膜下滴灌栽培有机大豆时，当施入液体肥量过大时，植株会因为生长过旺而通风透光不良，导致落花落荚的现象大量发生，进而影响其产量，且如果后期控制不当的话，极易出现贪青晚熟的危险。进一步结合经济效益分析结果，可以初步得出如下结论：在该试验条件下，在沙土地上进行膜下滴灌栽培有机大豆的最经济施肥量为 750 kg/hm^2 左右。

第四章　膜下滴灌大豆栽培需水规律

第一节　膜下滴灌大豆不同生育期需水特征

水为大豆生态因子之一，对大豆的生长起着重要作用。大豆产量的变化受水分条件的影响较大。作者通过多年的观察和试验，着重研究了大豆的需水特点和灌水技术，为提高大豆大面积单产提供依据。

在灌水条件下，大豆全生育期总耗水量一般为 420～450 mm。其耗水量受土壤、气候条件、耕作栽培措施等因素的影响。在大豆生长发育的不同时期，耗水量是不同的，不同品种之间也有所不同。根据 1990 年夏大豆的灌水试验，其各生育期耗水量和日耗水量均以开花至结荚期最多，这一阶段耗水量占总耗水量的 29.3%，日耗水量为 8.58 mm，其次是结荚至鼓粒期和鼓粒至成熟期，出苗至分枝期最少，阶段耗水量只占总耗水量的 1.22%，日耗水量仅为 2.48 mm。

大豆日耗水量大的开花期、结荚期和鼓粒期，也恰是大豆需水多的重要时期，大豆的耗水特性也就是它的需水特点，耗水量的大小反映了其需水量的多少。按照大豆各生育时期的需水特点，认为对水的利用上可分为炼苗、促枝、攻花、壮荚和增重 5 个主要阶段。

1. 炼苗　从苗期发育来看，大豆主根下扎，侧根数量增加很快，根瘤开始形成，复叶接连出现，根部吸水吸肥能力逐渐增强。这时地下部生长速度超过地上部，光合面积较小。采取合理控制土壤水分来促进增根，有利于茎部组织密致与充实，为以后的生育建造稳固的根茎和支柱，不但锻炼了耐旱性，同时有利于抗倒伏。

1991 年进行夏大豆苗期土壤水分状况对大豆植株形态与产量影响试验，设置苗湿（土壤含水量 29.3%）、苗旱（土壤含水量 21.6%）和对照（土壤含水量 25.4%）3 个处理，每处理 3 次重复，每小区固定 20 株进行调查和测产。试验结果：苗湿处理的大豆幼苗期急剧生长，于 7 月 16 日调查第 6 层叶和第 8 层叶，叶长分别比苗旱处理的增 1.1 cm 和 0.8 cm，叶宽增 0.7 cm 和 0.4 cm。苗旱处理的叶子生长良好，植株健壮，在前一段时间植株高度比苗湿处理的稍矮，叶子相对小一些，但到后期叶的大小并不小于对照和苗湿处理，且株高略高于苗湿处理，对分枝的影响也不大，产量比对照略增。

从苗期湿、旱处理大豆结实器官的形成与脱落情况来看，苗湿处理的花荚形成较多，脱落数量也多，剩下的结实器官少；而苗旱处理的与此相反，虽然形成花荚较少，但脱落的也少，总的形成数增多，经济产量高。苗旱处理的单株产量分别比对照和苗湿处理的增 4.2% 和 14.7%。试验结果表明，大豆苗期长相要求矮健、壮实，需要控制灌水。

2. 促枝 大豆分枝期，腋芽开始形成分枝、主茎变粗、伸长，复叶相继出现，主茎和分枝上的花芽开始分化直到现蕾，这时营养生长和生殖生长开始同时并进，需要较多的养分和水分，如果土壤水分不足，能够进行合理灌水则有利于促进大豆生育，加大营养体和光合面积，增加花芽分化的数量，为株壮、枝多、增多花荚打下良好的基础。1991 年，夏大豆分枝期灌水的株高比对照增加 14.7%，节数增加 1.2 个，茎粗增加 0.4 mm，单株结荚数增加 9.6 个，单株产量增加 8.8%。这一生育阶段虽然需水量较多，但仍比花荚期少，灌水一定要适量，以防徒长而造成后期倒伏。

3. 攻花 大豆开花期正是营养生长与生殖生长最旺盛的时期，植株干物重迅速增加，叶面积明显增大，如果水分供应不足，将严重影响蒸腾和光合作用，减少植株营养体的建造，以致造成叶片和花荚的大量脱落，产量大幅度下降。1991 年夏大豆花期进行土壤水分状况对植株形态与产量影响试验，设花期干旱（土壤含水量18.3%）、花期湿润（土壤含水量30.7%）和对照（土壤含水量22.4%）3个处理，每处理3次重复，每小区固定20株进行调查测产。试验结果：花期湿润处理比对照的株高和分枝分别增加3.8 cm和0.8个，比花期干旱处理的株高和分枝增加更为明显，荚数、粒数都增多，百粒重也有所增加，单株产量花期湿润处理比对照和花期干旱处理分别增9.5%和14.9%。

大豆开花期正是营养生长与生殖生长高度交错时期，是一生中需水最多的时期。只有根据实际情况，因地制宜地搞好花期灌水，才能获得较高的产量。

4. 壮荚　大豆结荚期营养生长已逐渐减缓，以生殖生长为主，对水分需要没有开花期多，但对水分的反应却十分敏感。1991年，夏大豆结荚期灌水试验（3次重复）结果表明，湿润处理（土壤含水量31.6%）的株高虽然与干旱处理（土壤含水量21.2%）基本接近，但它的功能叶片厚度却增加0.7 cm，有利于这一生育旺盛时期的光合作用，形成更多的光合产物运输给生殖器官。因此，结荚期湿润处理的单株花荚脱落数减少19.1%，单株结荚数增多28.6%，单株粒数增加36.5。可见大豆结荚期对水分条件要求十分迫切，合理灌溉结荚壮荚水是大豆增产的关键之一。如果土壤过湿过旱都会使大豆减少产量，尤其在过旱的情况下减产更大。

5. 增重　大豆鼓粒期营养体已停止生长，植株外观已定型，生殖生长则旺盛进行，豆荚逐渐鼓大，正是大豆干物质形成最多的时期。该时期从需水特性上看是在逐步减少，但鼓粒前期却是不可干旱的，合理灌水能显著提高粒重和产量，并改善品质。

新疆是典型的大陆性气候，为大豆高产创造了有利条件，对于北疆大豆种植区，干旱已成为大豆高产的限制因子。先进的滴灌技术在棉花、加工番茄等作物上已经获得了成功，并在大豆、玉米等作物上推广应用。作为一种新的灌溉技术，必然要有其新的、合理的灌溉制度与其对应，本试验在研究滴灌大豆田间土壤水分动态及大豆田间耗水规律的基础上，研究滴灌大豆需水特点及规律，确立滴灌大豆的灌溉制度。

第二节　膜下滴灌大豆灌溉制度

北方地区土地辽阔，但干旱少雨，蒸发量远大于降水量，没有灌溉就没有农业。采用先进的微灌技术与之配套，可提高农产品质量，增加农业收入。可见，在北方地区大力推广与发展节水灌溉对保障西部大开发的顺利实施具有重要的战略意义和现实意义。膜下滴灌技术是将作物覆膜栽培种植技术与滴灌技术集成为一体的高效节水、增产、增效技术。滴灌利用管道系统供水、供肥，使带肥的灌溉水成滴状、缓慢、均匀、定时、定量地灌溉到作物根系发育区域，使作物根系区的土壤始终保持最优含水量；地膜覆盖具有保墒、提墒、灭草、增加地温、减少作物棵间水分蒸发的作用。将两者优势集成，再加上作物配套栽培技术，形成了膜下滴灌技术。通过使用改装后的农机具可实现播种、铺带、覆膜一次完成，保证了农业机械化、精准化栽培水平和水资源的高效利用。

大豆是农业种植中的主要农作物之一，大豆是否高效生产关系着种植户的主要收入，因此，大豆的高效生产是农业发展的主要目标。大豆滴灌种植是节水农业中最有效的措施之一，它集灌溉施肥于一体，能适时、适量地向作物供水、施肥，为大豆生长提供良好的空间小气候，同时具有节水节能、省肥等优点，而且有利于大豆产量和水分及肥料利用率的提高，其优越性已被大量研究结果所证明。滴灌可以使作物根系层的水分条件始终处在最优状态下，而避免了其他灌水方式产生的周期性水分过多和水分亏缺的情况，同时能够保持土壤具有良好的透气性，为大豆根系的生长发育提供了良好的生长条件，从而能够协调作物地上和地下部分的生长，为提高作物产量奠定基础。

一、膜下滴灌在北方大豆生产上的实用性

1. 省水　滴灌是一种可控制的局部灌溉。滴灌系统采用管道输水，灌水均匀，减少了渗漏和蒸发损失。实施覆膜栽培，抑制了棵间蒸发。所以，膜下滴灌技术是田间灌溉最省水的节水技术。在作物生长期内，比地面灌省水 40%～60%。

2. 省肥　肥料可做到适时、适量随水滴灌到作物根系部位，易被作物根系吸收，且肥料无挥发、无淋失，提高肥料利用率30%以上。

3. 省农药　水在管道中封闭输送，避免了水对病虫害的传播。另外，地表无积水，田间地面湿度小，不利于滋生病菌和虫害。因而除草剂、杀虫剂用量明显减少，可省农药 10%～20%。

4. 省地　由于田间全部采用管道输水，地面无常规灌溉时需要的农渠、中心渠、毛渠及埂子，可节省土地 5%～7%。

5. 省工和节能　地面灌时，打毛渠、挖土堵口，劳动强度大。采用滴灌后，只观测仪表、操作阀门，劳动强度轻；膜内滴灌，膜间土壤干燥无墒，杂草少，且土壤不板结，田间人工作业（包括浇水、锄草、施肥、修渠、平埂、病害治理等）和中耕机械作业等大大减少，人工管理定额也大幅度提高。

6. 降低土壤盐碱度　膜下滴灌向土壤中不断补充纯净水，农膜阻止了土壤中水分的蒸发，将土壤中部分水分提升到地表所形成的湿润区内，形成一个脱盐区（利于幼苗成活及作物生长）和集盐区。由盐碱地上的试验可看出，农田耕作层盐分逐年减少，田间作物产量逐年提高。

7. 有较强的抗灾能力　作物从出苗起，得到适时、适量的水和养分供给，生长健壮，抵抗力强。同时能够及时制造小气候，具有一定抗御冻害和干热风的能力。

8. 增产　由于科学调控水肥，水肥耦合效应好，土壤疏松，通透性好，充分利用水、肥、土、光、热、气资源，使作物生长条

件优越，作物普遍增产 15％～50％。根据新疆经验，各种作物均缩行增株，可提高种植密度。

9. 提高品质　膜下滴灌营造了良好的生长和环境条件，因而，不但产量高，而且品质好。

二、膜下滴灌大豆需水量及需水规律

大豆是需水较多的作物。每形成 1 g 干物质，需耗水分 600～1 000 g，全生育期需水 250 m³/亩，相当于约 400 mm 的降水量，只有 10％～20％用于合成有机物质，其余被叶面蒸腾和土壤蒸发掉。大豆对水分的要求在不同生育期是不同的，幼苗期需水量约占总需水量的 16％，开花结荚期占 35％，结荚鼓粒期占 32％，鼓粒到成熟期占 17％，以开花结荚至鼓粒期需水量最高，要求的土壤湿度也最大，这一时期缺水，大豆的开花数、结荚数、籽粒数、粒重将受极大影响。种子萌发时要求土壤有较多的水分来满足种子吸水膨胀及萌芽的需要，吸收水分量相当于种子风干重的 120％～140％，适宜的土壤最大持水量为 50％～60％。土壤最大持水量低于 45％，种子虽然能发芽，但出苗很困难。种子大小不同，需水多少也不同，一般大粒种子需水较多，适宜在雨量充沛、土壤湿润地区种植；小粒种子需水较少，适宜在干旱地区种植。大豆幼苗期地上部生长缓慢，根系生长较快，此时土壤水分不宜过高，应以调节土壤通气性、增加土壤温度为主，以利于根系生长。从初花期到盛花期，大豆植株生长最快，需水量增大，要求土壤保持足够的湿润，但又不要雨水过多，气候不湿不燥，阳光充足；从结荚期到鼓粒期仍需较多的水分，否则会造成幼荚脱落和秕粒、秕荚。大豆从初花期到鼓粒初期长达约 50 d 的时间内，一直保持较高的吸水能力，农谚有"大豆干花湿荚，亩收石八；干荚湿花，有秆无瓜"。说明水分在大豆花荚、鼓粒期是十分重要的环境因素。大豆成熟前要求水分稍少而气温高，阳光充足，可促进大豆籽粒充实饱满。

1. 大豆需水量 北方大豆区的气候特点是气温低、日照长、年降水量在 500～700 mm，大豆多在 4 月下旬至 5 月上旬播种，生长期为 120～160 天。据试验结果表明，北方大豆区亩产在 150～260 kg 的情况下，大豆全生育期需水量为 370～540 mm。由于大豆各种植区内环境、气候条件的变化，其需水量差异也较大。

2. 大豆需水规律 大豆从种子吸水萌发要经历出苗、幼苗、分枝、开花、结荚、鼓粒、成熟等过程。在始花前，主要是生长根、茎、叶等营养器官，称营养生长期。从始花期以后，转入以生长荚、粒等生殖器官为主的生长期。为便于描述，根据大豆的生育特点，可将大豆生育期划分为 5 个生育阶段：播种—出苗、出苗—分枝、分枝—开花、开花—鼓粒、鼓粒—成熟，经多点试验和实践证明，大豆在生育前期（播种—分枝）需水量最小，中间生长期（开花—鼓粒）需水量大，生长后期（鼓粒—成熟）需水量又下降，大豆各生育阶段需水量见表 4-1。

表 4-1 大豆各生育阶段需水量

生育阶段	天数（d）	阶段需水量（mm）	日均需水量（mm）
播种—出苗	16	22.5	1.41
出苗—分枝	22	47.5	2.16
分枝—开花	20	50.6	2.53
开花—鼓粒	25	151.5	6.06
鼓粒—成熟	31	102.0	3.29

3. 影响大豆需水规律的因子

（1）土壤湿度 土壤湿度（含水量）与土壤温度、土壤质地、土壤热通量及土壤表面蒸发量等，共同构成影响植物根系吸水的土壤因素。保持适宜的土壤湿度，对调节地温和土壤溶液浓度，促进根系生长和生理活性均有重要作用。大豆依靠根尖附近的根毛和根的幼嫩部分吸收土壤中的水分。为保障叶片的正常生理活动，其水势应维持在 -1 MPa 以上。当水势大于 -0.4 MPa 时，叶片生长速度快；小于-0.4 MPa 时，叶片生长速度很快下降；当水势在-1.2 MPa 左右时，叶片生长接近于零。大豆一生中不同时期需要的水分不同，总的趋势是幼苗期小，大豆幼苗期干旱有利于根系下扎，开花结荚最多。进入成熟期后逐渐减少。开花—鼓粒期是大豆需水量最大的时期，也是需水临界期。

（2）空气湿度　空气湿度适宜，能促进植物的生长发育。当水气压差由 1.8 kPa 降到 1.0 kPa 时，对 26 种作物的生长均有促进作用。压差进一步减少时，生长很少增加甚至减少，并且易造成植物局部器官缺钙。

（3）温度因素　气温主要通过影响叶片蒸腾而影响植物需水。温度升高，各种生化反应加速，生化反应的介质——水的需求也必须相应增加，才能满足植株生长的需要。大豆是喜温作物，不同品种在生育期间所需的≥10 ℃的活动积温相关很大，一般需 2 044～3 800 ℃。大豆幼苗期温度在-5 ℃以下幼苗可能被冻死。大豆开花期抗寒能力最弱，温度短时间降至-0.5 ℃，花朵开始受害，-1 ℃时死亡。大豆开花期最适宜的温度为 20～26 ℃，温度在 20 ℃以下或 26 ℃以上对大豆开花不利。

4. 膜下滴灌大豆各生育时期灌溉制度　大豆在各个生育阶段，对水分都有一定的要求，及时灌水对大豆增产有极为重要的作用。灌溉的作用在于补充土壤水分不足，给作物创造良好的土壤水分条件，再配合相应的农业措施，以保证高产。为制订高产的灌溉制度，首先要了解大豆各生育期的灌水效应，才能决定是否应该灌水及灌多少水，以达到合理用水的增产目的。综合北方各地大豆灌溉试验成果，得出滴灌的计划湿润层，花期以前为 20 cm，花期以后为 40 cm。各阶段灌水的适宜土壤湿度（占田间持水量的％）参照下限标准：播种—出苗期 70％左右，出苗—分枝期 65％左右，分枝—开花期 68％左右，开花—鼓粒期 72％左右，鼓粒—成熟期为 65％左右。各地应根据本地区的实际情况，因地制宜地确定大豆生育期的灌溉制度。北方大豆生育期的设计灌溉制度如表 4-2 所示。

表 4-2　北方大豆生育期推荐的设计灌溉制度

灌水方式	水文年型	生育期灌水量（m³/亩）				灌溉定额（m³/亩）
		播种—出苗	出苗—分枝	分枝—开花	开花—鼓粒	
膜下滴灌	一般年	—	—	25	25	50
	中等干旱年	—	25	25	25	75
	干旱年	20	25	25	25	95

总之，出苗—分枝期需水量较少，只占全生育期总需水量的7.2%，分枝—开花期需水量较多，占全生育期的32.2%，结荚期是需水最多时期，这一时期正值大豆营养生长向生殖生长转化时期，需水量较多，此时期缺水，对大豆产量影响较大。大豆生育期总需水量平均为 2 161 mm，随着气象条件的变化，大豆需水量年际变化幅度较大。大豆在 6 月下旬和 8 月下旬若土壤水分含量不足时，进行灌溉可获得较大的经济效益。

第三节　膜下滴灌大豆田间管带模式配置与滴灌系统组成

一、膜下滴灌大豆田间管带模式配置

膜下滴灌大豆技术，是将工程节水和覆膜种植技术，采用机械化技术手段来实现，是农业机械化生产高效节水综合栽培技术。该技术运用先进的机械化作业手段，一次作业完成播种、施肥、铺膜、铺设滴灌管带的机械化种植方法，具有明显的增产和节水效果。

1. 膜下滴灌大豆技术　膜下滴灌大豆种植技术，是将大豆覆膜栽培种植技术、滴灌技术与机械化技术集为一体的高效节水、增产、增效集成技术，机械化作业技术，使得大豆膜下滴灌的大面积推广应用成为可能。滴灌技术利用管道系统供水、供肥，使灌溉水肥成滴状，缓慢、均匀、定时、定量地滴到作物根系发育区域，使作物根系区的土壤始终保持在最优含水状态；地膜覆盖具有保墒、提墒、灭草、增地温、减少作物棵间水分蒸发作用。

膜下滴灌大豆技术较大水漫灌节水 40%～60%，增产 20%～30%，节肥 30%～40%，机械化铺膜、布管减少用工 8～10 个/亩，机械化种植成本比常规种植手段低 20%～30%。

2. 膜下滴灌大豆主要技术内容　采用该技术，可以达到节水、节能、增产、增收的目的。实施膜下滴灌技术，既可以解决干旱的问题，又可以提高地温，延长作物生育期，实现丰产丰收。具体内容为："一增、五推、两精、四配套"高产高效机械化综合配套栽培技术。

（1）"一增"　合理增加密度，将亩保苗株数控制在 20 000～22 000株，比传统种植增加 15%～20%，具有很好的群体增产效果。

（2）"五推"　推广高产优质品种、推广地膜覆盖、推广密植种植、推广配方施肥、推广机械化种植技术。

（3）"两精"　精细整地、精量播种。

（4）"四配套"　覆膜、膜下滴灌、病虫草害综合防治、机械化技术相配套。

3. 膜下滴灌大豆种植模式　根据膜下滴灌大豆需水特性要求，针对不同水质、水源条件、土壤性质、种植布局和地形等条件，组合成滴灌系统的管网田间结构模式，现主要采用"一膜一管四行"种植模式。

该技术采用机械铺膜直播，选用膜宽 1.2 m 地膜，一管四行，滴灌带的滴孔流量 2.4 L/h，行距 20 cm＋40 cm＋20 cm，株距 8 cm，每穴播 2 粒，播深 3～4 cm，播种量为 7～8 kg/亩，定苗后理论密度为 22 868 株/亩。

二、大豆膜下滴灌系统组成

膜下滴灌技术是将作物覆膜栽培种植技术与滴灌技术集成为一

体的高效节水、增产、增效技术。滴灌利用管道系统供水、供肥，使带肥的灌溉水呈滴状，缓慢、均匀、定时、定量地灌溉到作物根系发育区域，使作物根系区的土壤始终保持在最优含水状态；地膜覆盖具有保墒、提墒、灭草、增加地温、减少作物棵间水分蒸发的作用。将两者优势集成，再加上作物配套栽培技术，形成了膜下滴灌技术。通过使用改装后的农机具，可实现播种、铺带、覆膜一次完成，提高了农业机械化、精准化栽培水平和水资源的高效利用。

1. 膜下滴灌系统组成 膜下滴灌系统一般由水源工程、首部枢纽、输配水管网、灌水器及控制、量测和保护装置等组成，如图 4 - 1 所示。

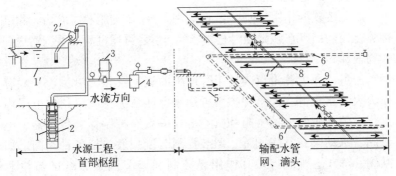

图 4 - 1 滴灌系统组成示意图

1. 地下水（1′. 地表水） 2. 潜水泵（2′. 离心泵） 3. 施肥罐 4. 过滤器
5. 主干管 6. 分干管 7. 支（辅）管 8. 毛管 9. 灌水器

注：图中量测、控制、保护等设备、仪表未示，可参考相关章节文字和附图。

2. 滴灌系统各部分作用

（1）水源工程 滴灌系统的水源可以是机井、泉水、水库、渠道、江河、湖泊、池塘等，但水质必须符合灌溉水质的要求。滴灌系统的水源工程一般是指：为从水源取水进行滴灌而修建的拦水、引水、蓄水、提水和沉淀工程，以及相应的输配电工程。

（2）首部枢纽 滴灌系统的首部枢纽包括动力机、水泵、施肥（药）装置、过滤设施和安全保护及量测控制设备。其作用是从水源取水加压并注入肥料（农药）经过滤后按时按量输送进管网，担负着整个系统的驱动、量测和调控任务，是全系统的控制调配中心。

滴灌常用的水泵有潜水泵、离心泵、深井泵、管道泵等，水泵的作用是将水流加压至系统所需压力并将其输送到输水管网。动力机可以是电动机、柴油机等。如果水源的自然水头（水塔、高位水池、压力给水管）满足滴灌系统压力要求，则可省去水泵和动力。

过滤设备是将水流过滤，防止各种污物进入滴灌系统堵塞滴头或在系统中形成沉淀。过滤设备有拦污栅、离心过滤器、沙石过滤器、筛网过滤器、叠片过滤器等。当水源为河流和水库等水质较差的水源时，需建沉淀池。

施肥装置的作用是使易溶于水并适于根施的肥料、农药、除草剂、化控药品等在施肥罐内充分溶解，然后再通过滴灌系统输送到作物根部。

流量、压力测量仪表用于管道中的流量及压力测量，一般有压力表、水表等。安全保护装置用来保证系统在规定压力范围内工作，消除管路中的气阻和真空等，一般有控制器、传感器、电磁阀、水动阀、空气阀等。调节控制装置一般包括各种阀门，如闸阀、球阀、蝶阀等，其作用是控制和调节滴灌系统的流量和压力。

（3）输配水管网　输配水管网的作用是将首部枢纽处理过的水流按照要求输送分配到每个灌水单元和滴头，包括干管、支管、毛管及所需的连接管件和控制、调节设备。由于滴灌系统的大小及管网布置不同，管网的等级划分也有所不同。

（4）滴头　滴头是滴灌系统最关键的部件，是直接向作物施水滴肥的设备，其作用是利用滴头的微小流道或孔眼消能减压，使水流变为水滴均匀地施入作物根区土壤中。

3. 膜下滴灌系统的运行管理

（1）首部系统运行管理　膜下滴灌系统在运行管理前，首先要清楚系统各部分要达到的运行管理目标，以利于按照系统运行管理质量进行操作。

① 水泵的运行管理。滴灌系统运行的特点是要求系统按设计流量稳定供水；由于轮灌组的不同，产生不同的管路水力状态，使水泵的出口压力变化，要求水泵能适应这种变化，并要在高效区运行；水泵运行时，不宜频繁操作，否则对水泵工作不利，还会使其工作年限缩短。所以，设计中应考虑各轮灌组流量基本均衡，使水泵达到一个较好的工作状况；水泵应严格按照厂家所提供的产品说明书及用户指南的规定进行操作和维护。

② 过滤设备的运行管理。过滤器在每次工作前要进行清洗；在膜下滴灌系统运行过程中，应严格按过滤器设计的流量与压力进行操作，严禁超压、超流量运行，若过滤器进出口压力差超过25%～30%，要对过滤器进行反冲洗或清洗；灌溉施肥结束后，要及时对过滤器进行冲洗。

③ 施肥（施药）装置的运行管理。目前膜下滴灌中常用的是压差式施肥罐，施肥罐中注入的固体肥料（或药物）颗粒不得超过施肥罐容积的 2/3；滴水施肥时，先开施肥罐出水球阀，后开进水球阀，缓慢关两球阀间的闸阀，使其前后压力表相差约 0.05 MPa，通过增加的压力差将罐中肥料带入系统管网之中；滴施完毕后，应先关进水阀后关出水阀，再将罐底球阀打开，把水放尽，再进行下一轮灌组施滴。

（2）管网的运行管理　输配水管网系统的正常运行是膜下滴灌系统灌水均匀的保证。

① 每年灌溉季节开始前，应对地埋管道进行检查、试水，保证管道畅通，闸阀及安全保护设备应启动自如，阀门井中应无积水，裸露地面的管道部分应完整无损，量测仪表要盘面清晰，指针灵敏。

② 定期检查系统管网的运行情况，如有漏水要立即处理；系统管网在每次工作前要先进行冲洗，在运行过程中，要检查系统水质情况，视水质情况对系统进行冲洗。

③ 严格控制系统在设计压力下安全运行；系统运行时每次开

启一个轮灌组，当一个轮灌组结束后，必须先开启下一个轮灌组，再关闭上一个轮灌组，严禁先关后开。

④ 系统第一次运行时，需进行调压，可使系统各支管进口的压力大致相等，维持薄壁毛管压力 1 kg 左右，调试完毕后，在球阀相应的位置作好标记，以保证在其以后的运行中，其开启度能维持在该水平。

⑤ 系统运行过程中，要经常巡视检查灌水器，必要时要做流量测定，发现滴头堵塞后要及时处理，并按设计要求定期进行冲洗。

⑥ 田间农业管理人员在放苗、定苗、锄草时应避免损伤灌水器。

⑦ 灌溉季节结束时，对管道应冲洗泥沙，排放余水，对系统进行维修，阀门井加盖保护，在寒冷地区，阀门井与干支管接头处应采取防冻措施；地面管道应避免直接暴晒，停止使用时，存入于通风、避光的库房里，塑料管道应注意冬季防冻。

4. 膜下滴灌系统维护与保养 对膜下滴灌系统设备需进行日常维护和保养，北方还需进行入冬前维护。进行日常维护和保养是正常运行的重要保证，需要有熟悉膜下滴灌技术和责任心强的固定管理人员开展这方面的工作，并在此基础上建立健全科学的维修保养制度；北方冬季寒冷，需在膜下滴灌系统结束运行后，对膜下滴灌系统进行全面的维护，以确保来年的正常运行。

（1）水源工程 需定期对蓄水池内泥沙等沉积物进行清洗排除，由于开敞式蓄水池中藻类易于繁殖，在灌溉季节应定期向池中投入硫酸铜（绿矾），使水中的绿矾浓度在 $0.1 \sim 1.0$ mg/L，防止藻类滋生。当灌溉季节结束后，在寒冷地区应放掉蓄水池内存水，否则易冻坏蓄水池。

（2）首部系统

① 水泵。严禁经常起动水泵设备，会造成水泵设备接触"动/静"触头烧损，应不定期检查并用砂纸打磨，触头接触面严重烧损的，触头应该及时更换。在灌溉季节结束或冬季使用时，停止水泵

后应打开泵壳下的放水塞把水放净，防止锈坏或冻坏水泵。

② 过滤器。无论哪种形式的过滤器，都需要经常进行检查，网式过滤器的滤网相对而言容易损坏，发现损坏应及时修复或更换。各种过滤器都需要按期清理，保持通畅。

③ 施肥装置。每年灌溉季节结束时对铁制化肥罐（桶）的内壁进行检查，看是否有防腐蚀层局部脱落的现象。如果发现脱落要及时进行处理，以杜绝因肥液腐蚀产生铁的化合物堵塞毛管滴头。

④ 量测仪表。每年灌溉季节结束后，对首部枢纽安装的量测仪表（压力表、水表等）应进行检查、保养和调试。

（3）田间管网　应对管道进行定期冲洗，支管应根据供水质量情况进行冲洗。灌溉水质较差的情况下，毛管要经常进行冲洗，一般至少每月打开尾端的堵头，在正常工作压力下彻底冲洗 1 次，以减少灌水器的堵塞。入冬前需对整个系统进行清洗，打开若干轮灌组阀门（少于正常轮灌阀门数），开启水泵，依次打开主管和支管的末端堵头，将管道内积攒的污物冲洗出去，然后把堵头装回，将毛管弯折封闭。

第四节　沙质荒漠条件下膜下滴灌大豆栽培灌水要求

土地沙质荒漠化简单来说就是指土地退化，也叫沙漠化。狭义的沙漠化是指在脆弱的生态系统下，由于人为过度的经济活动，破坏其平衡，使原非沙漠的地区出现了类似沙漠景观的环境变化过程。土地沙化是环境退化的标志，是环境不稳定的正反馈过程。随着全球人口数量的不断增加和人类对物质生活质量追求的不断提高，对自然资源出现掠夺性的开发和破坏，导致了全球生态环境的日益恶化。荒漠化是当今全球和中国最严重的环境和社会经济问题之一，特别是我国的沙质荒漠化自 20 世纪 50 年代以来一直处于加速发展的态势。为及时改善和有效遏制这种情况，各种措施和方案被提出和采用，如何有效利用沙质荒漠土地在沙质荒漠条件下种植作物这种方案一经提出就被广泛采用，大豆作为我国主要粮食作物之一，也可以在沙质荒漠条件下种植，为解决沙质荒漠土地的水资源不足问题可采用膜下滴灌种植。而水作为作物生长的重要因素，如何解决沙质荒漠条件下膜下滴灌大豆的灌水要求显得至关重要。

一、沙质荒漠条件下的水资源情况

由于土地的沙漠化和沙质土壤的特性，沙质荒漠条件下的水资源缺失严重，且地下水位也比较低，总体而言就是沙质荒漠条件下水资源极其稀缺且不易保存。如何有效利用有限的水资源且达到膜下滴灌大豆的灌水要求成为至关重要的一环。

二、沙质荒漠条件下水分对大豆生长的影响

水的最重要的生理功能之一，是维持细胞的膨压，以推动细胞的生长。植物如何适应轻度与中度水分胁迫的研究工作，要集中在植物怎样在水分胁迫条件下维持一定的生长速度的问题上。为此，必须首先了解水是如何影响细胞生长的。

1. 膨压是细胞延伸生长的动力　植物的生长，尤其是细胞的延伸生长（即细胞的扩大）是所有生理过程中对水分胁迫最敏感的。只要有轻微的水分胁迫，即可使植物的生长速率明显下降，而此时其他生理功能（如光合作用等）则可能完全没有改变。

关于细胞延伸生长的性质，早在 20 世纪 60 年代即有了细致的研究，肯定细胞体积扩展的动力是膨压（即压力势），而且只有膨压超过某一最低限度（即临界膨压）时，才能引起细胞壁的扩张；低于此值，则虽有一定的膨压，但细胞不能扩张；因此，压力势与临界膨压之差才是引起细胞扩张的有效膨压。已知在一定范围内，细胞壁的扩张速率与有效膨压成正比；有效膨压增加一个单位时，所能引起的扩张速率的增加值称为总体扩张系数。总体扩张系数的

大小与细胞壁的性质有关，幼嫩的细胞，细胞壁成分以纤维素为主，比较容易在膨压推动下发生塑性伸展；老熟的细胞，由于细胞壁发生了木质化，临界膨压增大而则总体扩张系数减小。

但是细胞体积扩大的另一个必要条件是水分要不断地从细胞外向细胞内移动，为此需要维持细胞与其周围环境的水势差，即细胞水势必须低于环境（土壤）水势。细胞水势取决于细胞渗透势与膨压之差，而细胞渗透势的高低取决于细胞渗透调节能力；土壤水势则与土壤含水量、含盐量及土壤质地有关。

2. 水分胁迫对大豆生长的影响 既然细胞的生长是对水分亏缺最敏感的生理过程，因此，干旱的后果首先是生长量下降。水分胁迫对大豆地上部总鲜重、单株叶片鲜重、单株根鲜重都有强烈的抑制作用；与地上部比较，干旱对根系的抑制作用相对较轻，但对根瘤生长的抑制却严重得多。

（1）水分胁迫下大豆光合作用的气孔与非气孔限制 大豆叶片气孔导度、蒸腾速率和光合速率对水分状况响应的一般规律如前所述，作物水分胁迫导致的直接后果是叶片水势和叶细胞膨压的下降，从而使气孔趋于关闭，气孔阻力增加（或气孔导度降低），与之相伴随的便是叶片蒸腾速率和光合速率的降低，大豆的情况也不例外。一方面，气孔导度能够通过改变 CO_2 的供应影响光合作用；另一方面，光合作用的强弱也能反过来影响气孔导度的大小，即光合作用对气孔导度具有反馈调节的能力。由于这种反馈调节作用，可以在环境条件有利于光合作用时，增大气孔导度，以便更好地满足叶肉细胞光合碳同化的需求，当然也会损失较多的水分；而在环境条件不利于叶肉细胞的光合作用时，气孔导度便降低，可以减少植物体内水分的无损耗。通过这种调节作用，可以使植物对水分的利用效率达到最优化，也就是以最小的水分损耗为代价，获取最大的 CO_2 同化量。光合速率对气孔导度的反馈调节机制尚未完全明了，但细胞间隙 CO_2 浓度可能起重要作用。已知保卫细胞能够对气孔下腔中的 CO_2 浓度作出反应，当 CO_2 浓度降低时，保卫细胞的 pH 升高，不但有利于淀粉的水解，还可活化 PEP 羧化酶，使保卫细胞中苹果酸含量增加，水势下降，促进保卫细胞的吸水和气孔的开张；CO_2 浓度升高时，其作用方向恰恰相反，从而使气孔开度减小。至于在低水势条件下光合速率随气孔导度而急剧下降的内在原因究竟是气孔导度的减小限制了 CO_2 的供应，还是叶肉细胞光合能力下降对气孔导度产生的反馈调节，则仅仅根据这条曲线还难以判断。这就需要根据气孔限制与非气孔限制的判据进行区分。

（2）大豆光合作用气孔与非气孔限制的分析与判断　由于区分光合作用的气孔与非气孔限制的最好判断依据是细胞间隙 CO_2 浓度和气孔限制值，所以，只要根据气体交换参数计算出 CO_2 浓度和气孔限制值，便可将光合速率的限制因子清楚地加以区分。根据以往研究结果可以得出一般性结论：在大豆遭受轻度或中度水分胁迫时，光合速率下降的主要原因是气孔限制；而遭受严重水分胁迫时，则主要是非气孔限制。

（3）大豆光合日变化过程中的气孔限制和非气孔限制　大豆的光合作用由于受到不断变化的环境条件和生理状态的影响，在一天中会发生明显的日变化，在水分胁迫和其他逆境条件影响下还会产生"午休"，即光合速率午间下降的现象。由于光合"午休"经常伴随着气孔导度的下降，而且两者的日变化趋势常常是一致的。因此，很容易使人认为气孔导度的下降是产生"午休"的原因。但实际情况并非这样简单，因为各种不同的逆境条件以不同的强度作用于大豆植株，不可能仅影响气孔开度而对叶肉细胞同化能力不发生影响。为了弄清楚气孔导度和叶肉细胞同化能力在大豆光合"午休"中各起多大的作用，就必须借助于前面所述的气孔与非气孔限制的分析方法，从环境因子与叶片生理功能之间的错综复杂的关系中理出头绪，找出导致光合"午休"的主导因素，才能提出有效的解决方案。

综上可以看出，大豆在苗期的灌水要求是比较复杂的，需要合理的安排并采用有效的措施与方案。沙质荒漠条件下大豆苗期不能猛灌，也不能没有合理的时间安排。

三、沙质荒漠条件下膜下滴灌大豆不同时期的灌水要求

1. 大豆种子萌发对水分的要求 大豆种子萌发过程的第一步是水分的吸收和种子体积的膨胀，即"吸胀"。种子萌发时最显著的特点是代谢强度的急剧升高和胚根与胚芽分生组织的细胞分裂和扩张，这些过程必须有充足的水分才能完成。当种子的吸水量使组织中出现充足的自由水时，种子的呼吸作用、储存的大分子营养物质的水解及其他生化代谢过程才能以自由水作为反应物和反应介质而顺利进行。大豆种子的蛋白质含量很高，一般在40%左右，蛋白质大分子的亲水性极强，可以借氢键在其表面吸附大量的水分，称为束缚水。因此，大豆种子萌发时需要的水分比含淀粉多的种子高很多；大豆种子吸水饱和时，含水量可达60%左右，吸收的水量相当于风干种子重量的130%～140%；含淀粉多的种子玉米，只要吸收相当于风干重35%～37%的水分，就可以发芽。大豆风干种子的含水量为种子重量的9%～10%，代谢强度很低，用一般的方法很难检测出来；当种子含水量达到14%以上时，代谢强度迅速增大，其特点是呼吸强度随着种子含水量的增加而呈指数曲线上升；种子含水量达到50%左右时，呼吸强度可比干种子提高数十倍甚至数百倍。但50%的含水量还不足以使大豆种子萌发，含水量必须达到56%～58%时才能正常萌发。这是因为，与种子的生化代谢相比，萌发时细胞的分裂和扩张必须在更高的含水量下才能进行，特别是细胞的扩张，如果没有足够的膨压作为细胞壁扩张的动力，是难以进行的。

种子萌发对水分的高需求量，使大豆播种时对田间墒情的要求十分严格。一般而言，土壤含水量在19%～20%（相当于土壤最大持水量的75%～80%）时，种子萌发和出苗良好；含水量低于18%时，虽能萌发出苗，但出苗率会降低，同时影响幼苗的健壮生长；土壤含水量在13%以下，则难以成苗，而沙质荒漠条件下需

水量更甚。因此，在种子播下之后出苗水一定要灌足灌够。

2. 大豆苗期灌水要求 大豆苗期属于大豆整个生育期营养生长的重要组成部分，因此，水肥需求尤为重要。在这个时期水分影响着大豆光合作用和物质生产，光合作用对水分状况的敏感性仅次于生长而居第二位。水影响光合作用的方式可分为两种：气孔因素和非气孔因素。气孔因素是指水分亏缺使气孔开度减小，限制了空气中的 CO_2 通过气孔向叶肉细胞的供应，从而使光合速率下降，但此时的叶肉细胞同化 CO_2 的潜力并未受到明显的影响；当水分亏缺继续发展时，叶肉细胞的同化能力明显降低，此时即使有足够的 CO_2 供应，也不能改变光合速率降低的局面，也就是说，影响光合作用的主要是叶肉因素，即非气孔因素，因此，根据不同温度和田间持水量对苗期的大豆进行有效的灌水是非常重要的。

3. 大豆结荚期灌水要求 大豆结荚期属于大豆的生殖生长，这个时期灌溉管理不容忽视，否则易造成产量下降。因此，水分利用特别重要。

（1）水分利用效率的概念 水分利用效率系指植物消耗单位水量所产生的同化量。具体的表述方式常因所涉及问题的范畴不同而有所区别。从植物生理学的角度来看，水分利用效率是指植物每蒸腾单位水量所能同化的 CO_2 量或生产的干物质量。早期的植物生理学著作中用"蒸腾效率"表示植物对水分的利用效率，每消耗 1 kg 水所形成的干物质的量，常用单位为 g/kg；反之，将制造 1 g 物质通过蒸腾作用所消耗的水的克数称为蒸腾系数，单位为 g/g，又称"需水"。这种表示方法的优点是能够反映同化物的实际积累量与蒸腾耗水量之间的关系，而且以将测定的时间跨度拉长到几昼夜或更长，因而有较好的实用价值。

（2）影响水分利用效率的内外因素 单叶水分利用效率是叶片 CO_2 同化量与同一时间内蒸腾失水量的比值。单叶水分利用效率的高低直接由叶片本身的光合与蒸腾特性决定，因此，也被称作内在水分利用效率。概括地讲，凡是有利于提高光合速率而对蒸腾速率影响较小的因素，都可能使单叶水分利用效率增大；反之，有利于促进蒸腾而不利于光合的因素，都会使单叶水分利用效率减小。

综上所述，沙质荒漠条件下大豆滴灌灌溉制度是：计划层深度>20 cm，实际可湿润层的深度达至少 40 cm，主要在开花—鼓粒期进行滴灌，特别应注重鼓粒期的滴灌，具体滴灌时期应该根据大豆丰产的生态指标和土壤水分指标来确定，因地因时制宜：一般地，大豆生育期间滴灌 8~10 次，每次滴灌水量 10~15 mm，滴灌周期为 3~5 d。

第五章 膜下滴灌大豆病虫草害综合防治

第一节 膜下滴灌大豆病害种类及防治

一、病毒性病害

1. 大豆花叶病毒病 全国各地大豆均有发生。大豆植株被病毒感染后的产量损失，根据种植季节、品种抗性、侵染时生育期、传毒蚜虫的消长及侵染病毒的株系强弱等因素不同，常年产量损失5%～7%，流行年份损失达10%～20%，个别地区或田块产量损失可达50%。病株减产因素是豆荚及豆荚粒数减少；降低种子百粒重及萌发率；影响种子蛋白质、油分、脂肪酸、微量元素及游离氨基酸的组分；病株根瘤显著减少，降低固氮功能；某些品种感病后造成种子斑驳率增高，降低种子商品价值。

（1）症状 病毒感染后最常见症状是花叶。带病毒种子的实生苗2叶期就能出现轻花叶或斑驳花叶，或扭曲，或向下卷曲的带毒病苗。这种病株后期节间及叶柄缩短，造成矮化，产量损失最大。不同生育期感染病毒后出现症状，根据品种抗病毒性及侵染病毒株系而有所不同，在气温15～28℃情况下，出现轻花叶，不同颜色的斑驳、卷叶、缩脉及形成泡状突起。某些品种出现系统枯斑、芽枯等症状。气温在30℃以上植株被感染后，大部分品种呈隐症，已感染的叶片变脆。严重病株除矮化外，豆荚茸毛短而少，扭曲或畸形。同一品种有的病株后期叶脱落晚或不脱落，多是其他侵染大豆的病毒复合感染造成。

（2）病毒种传性 大豆花叶病毒在大豆不同品种感染后，种传率有 0%～38%。大豆植株花前期被侵染，花萼、花瓣、花蕊、未成熟荚皮及未成熟种子均能带毒。当年成熟种子的种皮，胚乳、胚芽均能带毒。干燥条件下，翌年播种种子的种皮及胚乳中病毒多数失活，带毒实生苗主要是胚芽带毒的种子造成。种传率高的品种，在病株花器官含病毒量比低种传率品种相对较高，而在花器官相对总酚含量低种传率品种高于高种传率品种，不同品种其病株产生的相对总酚含量与品种种传率呈负相关。

（3）寄主范围　大豆花叶病毒侵染自然寄主主要是大豆及野生大豆，有的分离物或株系能局部侵染苋科的某些植物。人工接种病毒绝大部分仅感染豆科植物，系统侵染寄主有望江南、刀豆、猪屎豆、扁豆、羽扇豆、菜豆、豇豆、田菁、蚕豆等。局部侵染的寄主有苋色藜、昆诺藜、白色藜、双花扁豆、白花扁豆、长序菜豆、长豇豆、豌豆等；无症状带毒寄主有窄叶羽扇豆、芝麻等。上述寄主是国内外报道人工接种侵染的植物，不同株系或分离物，或寄主品种不同侵染寄主结果有很大差异，因此作为株系鉴别方法之一。

（4）流行因素

① 播种带毒种子是田间发生病毒的初次侵染源。植株生育期感染病毒时间越早，种子带毒率越高。花期感染病毒种子带毒率极低，多为种皮带毒，翌年播种种子带毒苗在 0.1% 以下。

② 蚜虫介体的消长。在田间有带毒种苗情况下，有翅蚜迁飞期及着落植株的频率是该田块发生严重度的重要因素。大多数有翅蚜着落在植株冠层叶危害，黄绿颜色叶片品种比深颜色叶片品种有翅蚜着落率明显增高。大豆田附近作物除大豆蚜、桃蚜及豆蚜外，其他蚜虫着落率及传毒率均很低。

③ 品种抗性。大豆对花叶病毒抗性包括有对病毒的侵染抗性，即发生严重度抗性；抗斑驳即不产生或低斑驳种子率；抗种传即不种传或低种传率品种；抗蚜即蚜虫不取食或低着落率品种。一般抗病品种均具有前 3 种抗性。

④ 温度。温度是影响蚜虫发生量及迁飞的重要因素。30 ℃以上降低病株病毒增殖量，且有钝化病毒侵染性，所以南方种植大

豆，一般春豆及秋豆病毒发病率及严重度高于夏豆。

2. 大豆矮化病毒病

（1）症状　带毒种苗呈现单叶时即扭曲或叶脉坏死。田间病株叶大多为斑驳花叶、皱缩花叶或小叶，畸形丛生。高温干旱条件下，病株可出现自顶芽向下逐渐枯死症状。早期侵染植株矮化。

（2）传毒方式及介体　病毒可通过病液、种子及蚜虫非持久性传播。蚜虫介体有大豆蚜、桃蚜及豆蚜。

3. 病毒病的防治

（1）种植抗病毒品种　抗病毒病已成为大豆选育新品种重要指标之一。我国大豆品种资源已作抗花叶病毒鉴定，并有一批抗大豆花叶病毒的资源。

（2）建立无毒种子田　侵染大豆的病毒，很多能通过大豆种子种传。因此，种植无病毒种子是防治病毒病的最有效防治方法。无毒种子田要求在种子田 100 m 以内无该病毒的寄主作物。种子田出苗应及时去除病苗，开花前再清除 1 次病株，一般 3～4 年即可达到无毒源种子。一级种子的种传率应小于 0.1%，商品种子应低于 1%。

（3）防蚜治蚜　大多病毒是蚜虫非持久传播，因此，生产田大规模药剂治蚜，不经济且效果差。建议在原种子田用银膜覆盖或银膜条间隔插在田间，有较好避蚜及驱蚜作用。田间有蚜虫发生应及时施药防治。

（4）加强种子检疫及管理　大豆是种传病毒种类较多的作物之一，因此，加强各级种子检疫尤为重要。我国大豆面积大，地理气候条件差异大，各产区品种众多，种植季节及种植方式也有不同，产生病毒的侵染分化形成不同毒株，在各地交换品种资源及调种中，都可能引入非本地病毒或非本地的病毒株系，从而形成各种病毒或株系相互感染，形成多种病毒或病毒株系流行的严重后果。为此，生产种子的部门必须提供种传率不超过 1% 的优良种子，种植后苗期发现病苗应立即拔除，检疫部门也要严格把关，使我国优质、抗病品种发挥应有作用。

（5）化学防治　重病田或发病株率高的田可使用下列药剂减轻病害严重度。20％病毒 A 可湿性粉剂 500 倍液，或 1.5％植病灵乳油 1 000 倍液，或 5％菌毒清 400 倍液。每 10 d 喷 1 次，连喷 2～3 次。

二、真菌性病害

1. 根腐病害

（1）疫霉根腐病　疫霉根腐病主要发生于黑龙江省及山东省，常年产量损失 10％～30％，严重地块可达 60％～90％。

① 症状。大豆整个生长期均能侵染，并出现症状。侵染幼苗，子叶出现水渍状。水淹条件下种子腐烂，受害植株茎呈浅褐色水渍状，叶片变黄萎蔫，上部叶片褪绿，直至植株萎蔫，叶片一般不脱落，病斑可延伸到第 10～11 节，最后皮层及维管束变褐色。较耐病品种根腐只限于侧根，植株不死亡，出现矮化和叶片轻微褪绿，症状类似轻度缺氮，偶有褪色凹陷斑扩展至基部一侧。病株在大雨后叶片萎蔫，病斑浅褐色，边缘黄色，感病品种幼苗期整株叶片黄化。病株根部须根和主根下部腐烂，结荚数明显减少，空荚、瘪荚数较多，籽粒不饱满。

② 侵染循环及发生因素。病害初次侵染源是病株根茎部形成的卵孢子，在适宜温、湿度条件下打破卵孢子的休眠，并形成孢子囊，孢子囊遇水时形成并释放游动孢子，被侵染的根部也能形成孢子囊，成为田间再侵染的来源，释放的游动孢子通过土壤水而扩散。大豆根吸附的游动孢子、菌丝在根和下胚轴组织内细胞间生长，通过吸器穿过寄主细胞，24 h 在根组织定殖并危害植株。大豆疫霉病传播主要在 0～50 cm 深土层的病菌，随土层加深，病原递减。田间发病中心随土壤翻耕和平整土地而扩大。病根也能传病，种子不传病。连作地过多施氮肥，排水不良则发病重。在土壤中有其他病原如镰刀菌，立枯丝菌核及根结线虫可加重危害。根部周围有菌根真菌及拮抗性细菌可减轻危害。

③ 防治途径。一是种植抗病品种。二是栽培管理。加强田间排水管理，降低土壤湿度，尤其在雨后的排水，与非寄主作物轮作，适当施氮肥，增施磷肥及有机肥。三是化学防治。采用种子与农药拌种，按 0.2％种子量的 35％瑞毒霉拌种剂拌种效果可达 75％～80％，也可用 0.3％种子量的 40％速克灵或 50％多菌灵拌种，还可用 0.4％种子量的 58％雷多米尔、70％百得富或 72％克露拌种。生长期叶面喷施药每亩用量分别为 100 g、120 g、80 g。用 25％瑞毒霉可湿性粉剂土壤处理，沟施 114 g/hm^2 或施成 18 cm 宽带，用量为 454 g/hm^2。

（2）镰刀菌根腐病　镰刀菌根腐病主要发生危害严重地区是山东、安徽及黑龙江等省，一般产量损失 10％～30％，严重的可达 50％以上。

① 症状。病菌侵染根部从根尖开始变色，水浸状，主根下半部先出现褐色条斑，逐渐扩大至表皮及皮层变黑腐烂，严重时主根下半部全部腐烂。有的病原菌可使根茎维管束系统变褐色或黑色。叶片由下而上逐渐变黄，病株矮化，结荚少，严重时植株死亡，有的发病初期叶片下垂，枯萎脱落。

② 侵染循环及发病因素。镰刀菌是土壤习居菌，可在各植物残体营腐生生活，并以厚垣孢子或菌丝在病残体上越冬，成为翌年初次侵染源。病菌通过幼根伤口侵入根部，开始在近髓部的木质导管里，能充满木质导管，也可侵染柔膜组织。连作病重。大豆多种线虫能诱发尖刀镰刀菌侵染大豆幼苗。

（3）丝核菌根腐病　分布于东北，华北和南方少数省份，黑龙江省重病田被害株率可达 100％，幼苗生长瘦弱，色黄无须根，致使幼苗死亡。

① 症状。被害的幼苗或幼株的主根和靠地面的基部形成红褐色，略凹陷的病斑，皮层开裂呈溃疡状。幼苗被害严重时，茎基部变褐、细缩、折倒枯死；幼株被害严重时植株变黄，生长迟缓而矮小，病株结荚明显减少。

② 侵染循环及发病因素。病菌以菌丝或菌核在土壤中越冬，

成翌年初侵染源，属土壤习居菌。病菌可直接侵入出生根或次生根，也可由伤口侵入引起发病。本病主要发生在苗期，后期有其他根腐病病菌则可加重病情。多雨，地温低，土壤湿度大或地势低洼，排水不良，土壤黏重等则发病重。重茬地发病重。寄主范围广，除大豆外，尚且侵染甜菜、高粱、旱稻、茄子、烟草等多种作物。

（4）腐霉根腐病　分布于东北、黄淮地区，南方各省也有发生，从大豆萌发至生育前期均可引起发病，致使幼苗猝倒和根腐。

① 症状。主要侵害幼苗茎基部，近地面茎呈水渍状，细缩变软，黑褐色，能很快折倒死亡，受害部呈不规则褐色斑点，严重的引起根腐。地上茎叶变黄或萎蔫，植株矮化。

② 侵染循环及发病因素。病残株上病菌在土壤或粪肥中越冬，成为翌年初侵染源。低温、多湿、排水不良等造成湿度高的条件均能引起病害发展，寄主范围广，能引起多种作物幼苗猝倒或果实腐病。

（5）根腐病　以选种抗、耐病品种为主，加强栽培管理，辅以化学防治

① 种植抗耐病品种。

② 栽培措施　一是尽量使用各种方法降低病田土壤及田间湿度。二是合理施氮肥，增施磷、钾肥，可减轻病害发展。三是 3 年以上与非寄主作物轮作。

③ 化学防治　主要是用种子量 0.3%～0.5%的农药拌种，可降低发病指数，提高出苗率。可供选择的农药有 40%克菌丹、40%速克灵、50%利克菌、40%多菌灵、50%甲基托布津等。苗期发现病害，可喷施 50%多菌灵可湿性粉剂加 40%克菌丹 800～1 000倍液。

2. 锈病

（1）症状　病菌以侵染叶片为主，严重时能侵染叶柄及茎。侵染初期叶片迎光透视出现灰褐色小点，以后病斑扩大，呈黄褐色。由于品种及抗性不同也出现红褐色、紫褐色斑点，夏孢子堆成熟

时，病斑在表皮层隆起。病斑密集时，形成被叶脉限制的坏死斑，夏孢子堆成熟时，病斑表皮破裂，散出灰褐色夏孢子，干燥时呈锈色，发病一般从湿度高的下部叶片开始，并向上蔓延。冬孢子堆多在日气温差大的时期出现，呈黑色或紫黑色。

（2）流行条件及因素

① 品种抗性：接种病菌测定，种植抗病品种在田间夏孢子再侵染次数明显低于感病品种，前者叶发病率 0%～34%，后者 14%～95%，而产量损失分别为 14% 及 35%。

② 气候的温、湿度：夏孢子萌发及进入叶组织前，必须保持饱和湿度 7～10 h，因此，气候条件中雨量、雨日数、雾、露是重要前提条件，温度在 15～26 ℃适于侵入及传播，非适温影响夏孢子萌发侵入。田间气候中温、湿度是影响发病的关键。例如，地势高的田（土旁田）病害轻于低地势田，排水好的田低于排水差的田。高温情况下封行后大豆下部仍处于病菌适温。因此，植株下部先发病，晚间有雾或露时再向上部侵染等。

③ 生育期感病差异性：根据在海南省调查，同一片田，同一个品种，由于大豆播种期不同，在同一天调查，苗期未见发病，初荚期发病率 9%，鼓荚期 40.88%，成熟期 72.5%。在武汉市播种期试验中及广东和福建两省调查中发病趋势，与海南省的情况基本一致。

（3）防治措施

① 种植抗（耐）病品种。

② 农业防治：种植大豆田要开沟作厢，及时清沟排渍，降低田间湿度，减少病害严重度；调整播种期，避开锈病发生高峰期。例如福建大田，改秋种大豆为春种大豆，在气候条件允许情况下，适当推迟播种期，避开大豆开花结荚期的病害严重期。

③ 化学防治：根据全国化学防治锈病实践，有内吸性杀菌剂，25%磷酰胺，每200 g 兑水 30～50 L，喷雾；或20%三唑酮（粉锈宁、百理通）乳油 3 000 倍液喷施，根据病情发展严重度，间隔 10～15 d，喷施 1～2 次。保护性药剂（杀死或阻止夏孢子入侵寄

主）有 75％百菌清、80％代森锌、70％代森锰锌 500～700 倍液，每亩喷施 30～50 L，发病期间隔 7～10 d 喷施 1～2 次。

3. 菌核病

（1）症状　田间植株被侵染叶片出现褐色枯死斑，茎部或分枝或叶柄有褐色不规则病斑，湿度高时病斑上能出现白色絮状菌丝体，渐聚集形成不规则、大小不一的颗粒状白色至灰色的菌丝团，最后形成黑色坚硬的菌核。侵染后期茎部组织呈麻状，露出木质部，造成植株茎部折断倒伏或分枝下垂。严重时也能侵染豆荚，在荚内外形成小菌核，侵染种子能造成腐烂或干瘪。

（2）侵染及发病因素　土壤中和混在种子中的菌核是菌核病的初次侵染源。菌核抗逆性强，可耐－40 ℃低温，常温下能存活多年。形成菌核的温度幅度为 5～30 ℃，最适温度为 15～24 ℃。菌核萌发温度为 5～20 ℃，形成子囊盘适温为 18～20 ℃。子囊孢子萌发，温度幅度为 0～30 ℃，适温为 5～10 ℃。在上述情况下，菌核萌发出子囊盘并产生子囊孢子，入侵豆株、叶、花或嫩茎部分，并产生菌丝。菌丝生长最适温度为 20～25 ℃，0 ℃停止生长，30 ℃生长很少，35 ℃能使菌丝致死。菌丝在微酸性条件下有利于生长发育，中性条件下生长缓慢，碱性条件下完全抑制生长。病菌侵入植株组织后，菌丝在 20～25 ℃、雨水或湿度大的条件下蔓延快，干燥及温度在 30 ℃左右即能阻止或停止蔓延。菌核浸泡水中 20 d 以上能腐烂（马汇泉等，1998）。

（3）防治方法　大豆菌核病是土传病害，病株菌核脱落在土壤中或病荚中形成细小菌核混杂在种子中，随播种进入土壤中都是该病初次侵染源。防治措施应在减少初次侵染基础上，进行化学防治。

① 轮作及深翻耕：病田应与禾本科作物轮作 3 年以上；水稻区可用水旱轮作，以减轻对大豆的危害。冬季或播种前深耕，使土壤中菌核处于土壤表层 15 cm 以下，可大量减少菌核萌发子囊盘数量。菌核在 20 cm 以下土层中高温及高湿条件下可使菌核丧失萌发力。

② 化学防治：根据菌核萌发条件，在子囊盘盛发期（东北三省在 7 月下旬至 8 月）田间病害初发期（5％～10％病株率）及时施药防治。可使用 40％菌核净（又名灰核宁、斯佩斯）800～1 000倍液，该药属低毒，具有直接杀菌及内渗、残效期长等特点；或50％腐霉利（速克灵）可湿性粉剂 1 000～1 500 倍液，该药属低毒内吸杀菌剂，对孢子萌发抑制力强于对菌丝生长抑制力。一般喷药 1～2 次，间隔期 7～10 d，每亩喷施量根据植株生长情况50～60 L。

4. 灰斑病

（1）症状　叶上病斑为红褐色圆形或不规则形，随叶龄而增大，大小为 1～6 mm，中心呈灰白色，着生灰色霉状物为病菌分生孢子梗及分生孢子，周围为暗红褐色，无褪绿区。老病斑呈白色或穿孔，病斑融合时呈不规则形，严重时叶片干枯脱落。茎部病斑一般在后期出现，比叶病斑大，扁平或稍凹陷，环茎蔓延，深红色，边缘黑褐色，中心褐色并着生霉状物。荚上病斑圆形或椭圆形，红褐色，边缘黑褐色。病菌能蔓延至种子，种皮上轻者有褐色小点，重者形成圆形或不规则形大斑，有裂纹，病斑中心灰色，边缘黑褐色，状似蛙眼。

（2）侵染循环及发病因素　病菌以菌丝体在种子及病残株上越冬，也是翌年病害的初次侵染源。病种上的病菌在适宜条件下直接侵染子叶，并产生分生孢子，是田间侵染源之一。植株病残病菌上产生的分生孢子直接危害成株期叶片，这部分侵染源也是田间侵染源。病叶产生的分生孢子在发病条件下可分次再侵染。结荚后能直接侵染豆粒，形成带菌豆粒。田间病害严重度及流行因素有几个方面：种子品种的抗病性；田间菌源量（包括带菌种子率及病残体病源量）；发病的温、湿度：7～8 月多雨，空气相对湿度大于 80％，温度处于发病适温，可造成流行。病害发生的潜育期为 30 ℃ 4 d，20 ℃为 12～16 d。一般在 7 月初即能发病，7 月中旬为发病盛期，鼓粒期为荚盛期，8 月为豆粒感染期，9 月上中旬为豆粒盛发期。叶发病至荚发病约 40 d，荚发病至豆粒感染约 5 d。

（3）防治方法

① 种植或培育抗病品种。

② 减少初次侵染源：收获后先清除表土病残株并及时深翻耕，使病残株埋于表土层下，促其腐烂，失去侵染力，从而减少病原量。

③ 化学防治：种子药剂处理，用 50％福美双或 50％多福合剂（50％多菌灵、50％福美双 1：1 比例），药剂按 0.4％种子量拌种后播种。生长期发病可用 70％甲基硫菌灵（又名甲基托布津，低毒，广谱内吸杀菌剂）、50％多菌灵可湿性粉剂 500～1 000 倍液喷施，每亩 50 L，每 7～10 d 喷 1 次，一般喷 2～3 次。盛花至结荚初期一定要喷施 1 次。

5. 霜霉病

（1）症状　叶面症状出现淡绿色至淡黄色斑点，形状不定，斑点周围黄绿色。叶背在高温情况下，病斑上产生灰色或淡紫色霜霉状物即分生孢子梗，这是与其他叶部病害的重要区别点。严重受害叶片变黄至褐色，病叶早期脱落。被害荚外部无明显症状，荚内面及种皮均能附着菌丝及卵子，种子无光泽，或有裂纹。带病菌种子在实生苗 1～2 周的叶片出现沿叶脉扩散呈羽状或锯齿状的症状。早期被侵染植株矮小，叶缘向下卷曲。然后出现褪绿斑驳状病斑。

（2）发病条件　田间发病及流行条件主要有下列几方面。

① 品种抗性。我国大豆对霜霉病抗病鉴定结果表明，品种间有较大差异，田间发病率也不同，我国东北地区有较丰富的抗霜霉病资源及品种。

② 菌源量。包括种子带菌率，土壤含病叶上的卵孢子量，生长期适宜温、湿度病菌在田间再次侵染的菌源量都影响发病的严重度。越冬病原量大，发病植株多，病害重。如果再遇上生育期气候适于发病则形成大流行，危害严重。

③ 生长期气候条件。多雨高湿度，气温高低交替或昼夜温差大，适于病害发病或流行。孢子囊形成适温为 10～25 ℃，大于 30 ℃或低于 10 ℃不利于孢子囊形成。有露滴是孢子形成及萌发的

必须条件。露滴存在 10 h 有利于孢子形成。孢子萌发必须有露滴存在并入侵寄主。

（3）防治方法　针对上述发病条件采取选育或种植抗病品种，降低种子带菌率及土壤菌源量，减少初侵染源，在生长季节喷施药剂降低发病严重度等措施。

① 选育及种植抗病品种。

② 降低田间病原基数。收获后，清理病叶，深耕，实行 2 年以上轮作，减少土壤中病原，降低翌年田间病原基数。防治种子带菌，用药剂拌种，杀死种子病菌，能减少实生苗的病株。

③ 化学防治。种子拌种可用 35％甲霜灵（又名瑞毒霉、阿普隆、雷多米尔）属低毒内吸性杀菌剂，拌种药量是种子质量的 0.3％；50％多菌灵为低毒内吸杀菌剂，拌种量为种子质量的 0.7％。田间植株发病初期可使用 50％多菌灵 500 倍液，或 50％福美双 500～700 倍液，或 75％百菌清（属低毒，非内吸性广谱杀菌剂）700～800 倍液，或 80％代森锌 700～800 倍液，或 35％甲霜灵可湿性粉剂 500 倍液。该菌易产生抗药性，可与其他杀菌剂（如代森锌、甲霜灵与代森锌比例 1∶2）复配使用。每亩田间喷稀释后的药量，根据植株生长情况，喷施 30～50 L，每次间隔 7～10 d，根据病情发展情况喷施 1～3 次。

6. 紫斑病

（1）症状　受害植株在叶、茎、荚及种子均有明显症状。叶部病斑开始为圆形紫褐色小斑点，渐扩大成多角形或不规则形病斑，边缘紫色，湿度大时，病斑正反两面均能生出黑色霉状物的子实体，即病菌分生孢子梗及分生孢子，叶脉上病斑为长条形紫色至紫褐色。茎上病斑为梭形，由红褐色渐成灰褐色，具光泽，上着生细小的小黑点。荚上病斑灰黑色，圆形至不规则形，无边缘。荚上病斑干燥后呈黑色，着生子实体。种子上病斑为紫色斑纹，覆盖部分种子或大部分种皮，微具裂纹，有的病斑呈褐色或黑褐色，干缩，种皮有微细裂纹，有时周围稍呈紫色。

（2）侵染循环　病菌以菌丝着生于种皮内，或以子座在病株残体内越冬，这些种子及残体是翌年初侵染源。播种时病种子的实生苗上即可形成褐色云纹状斑，产生分生孢子。残体上病菌在适宜温度下可直接产生分生孢子。分生孢子随大豆生长侵染叶、茎、荚，最终侵染种子，形成带菌种子。

（3）发病因素　该病发病条件除初次侵染源量（包括种子带菌率及土壤中病残体的菌源量）外，温、湿度是发病主要因素。菌丝生长适温为 24～28 ℃，产生孢子的适温为 16～24 ℃，最适温度为 20 ℃；分生孢子萌发温度为 16～33 ℃，最适温度为 28 ℃。在适宜温度条件下，遇到高湿气候（包括田间小气候），及有气流和雨水时，病害能很快蔓延及扩大范围，根据病菌对温湿度要求，一般南方产区比北方产区发病重。

（4）防治方法　我国 20 世纪 80 年代南北方已种植抗病品种，目前各地推广品种大都能抗紫斑病，但在花期及结荚初期发现田间有较多病株时应及时施用药剂防治，以免蔓延至荚及种子。收获种子时发现有病斑种子，应去除病斑种子。在翌年播的种子用药剂拌种。施用药剂可参阅大豆霜霉病及锈病药剂防治部分。严重发生的病田，应与禾本科或非寄主作物轮作 2 年以上，可得到良好效果。

三、细菌性病害

大豆细菌性病害在我国大豆产区均有发生，病害主要造成病叶早期脱落。结荚期前叶片脱落导致种子百粒重下降而影响产量，普遍发生的有两种，即细菌性斑疹病（又称叶烧病）和细菌性斑点病。侵害叶片、豆荚或豆粒，也能侵害叶柄及茎。

1. 细菌性斑疹病　叶上初期病斑呈淡绿小点，然后变成红褐色，病斑直径 1～2 mm。由于病斑细胞木栓化，形成稍隆起的小疤状斑，无明显黄晕（与锈菌病病斑相似，锈菌病斑早晨均能见粉状夏孢子，而斑疹病斑无散出物）。病斑常融合形成大块组织变褐枯死，有时呈撕裂破碎状，形似火烧，故又称叶烧病。荚上病斑初呈红褐色圆形小点，后变为褐色枯斑。

2. 细菌性斑点病 褪绿色水渍状小点，后变黄色至褐色不规则病斑。边缘有明显黄色晕圈。在湿度高时，病斑常出现白色菌脓，病斑融合成枯死大斑块，中央常撕裂状脱落。茎上红褐小点至黑褐色，种子上病斑褐色不规则形，覆盖一层菌膜。

上述两种细菌性病害的病原细菌是在病豆粒或发病地区内越冬，带菌种子及病残枝叶为翌年田间初次侵染源。其中病种子是主要的初次侵染源，病菌产生细菌借风雨，尤其大风暴雨后迅速传播造成田间发病及扩展蔓延。

3. 细菌性病害防治方法

（1）抗病品种 我国大豆品种资源抗细菌性病害鉴定，品种间抗性差异显著，并且有丰富抗病资源及生产上应用的品种，因此发病地区首先应选择种植抗病品种。

（2）种子处理 按种子质量 0.3%，用 50%福美双或 95%敌克松粉剂拌种。

（3）化学防治 田间发病初期用 50%琥胶肥酸铜可湿性粉剂 800 倍液，或 20%络氨铜水剂 500 倍液，或 1∶1∶200 波尔多液喷施，一般 2 次以上。

（4）农业措施 与禾本科作物轮作及降低田间湿度的农业措施均能降低发病及危害严重度。

第二节 膜下滴灌大豆虫害种类及防治

大豆是我国重要的粮食作物，也是农户们青睐的农作物之一。大豆虫害是影响大豆产量和质量的主要问题之一。大豆虫害防治是高产栽培模式中重要的环节，探讨大豆虫害的发生规律，提高大豆虫害的防治能力是提高大豆产量的重要措施。以下介绍了大豆主要虫害和常见的农业防治与化学防治方法。

1. 大豆草地螟 草地螟，螟蛾科，又名黄绿条螟、甜菜网螟。草地螟为多食性大害虫。

（1）形态特征 成虫淡褐色，体长 8～10 mm，前翅灰褐色，外缘有淡黄色条纹，翅中央近前缘有一深黄色斑，顶角内侧前缘有不明显的三角形浅黄色小斑，后翅浅灰黄色，有两条与外缘平行的波状纹。卵椭圆形，长 0.8～1.2 mm，常数粒黏成复瓦状的卵块。幼虫共 5 龄，老熟幼虫 16～25 mm，1 龄淡绿色，体背有许多暗褐色纹，3 龄幼虫灰绿色，体侧有淡色纵带，周身有毛瘤。5 龄多为灰黑色，两侧有鲜黄色线条。蛹长 14～20 mm，背部各节有 14 个赤褐色小点，排列于两侧，尾刺 8 根。

（2）防治方法

① 农业防治。秋季耕耙地，破坏草地螟的越冬环境，增加越冬期的死亡率，及时清除田间及地边杂草，消灭成虫产卵的场所，减少田间卵量和幼虫量，可以减轻危害，在草地螟大发生年，幼虫未进入豆田前，可在豆田周围挖防虫沟阻杀，沟里可施药剂，也可在农田四周撒施药带。

② 药剂防治。防治时期在幼虫低龄期常用药剂有：25％辉丰快克乳油 2 000～3 000 倍液，25％快杀灵乳油每公顷用量 300～450 mL，5％来福灵、2.5％功夫 2 000～3 000 倍液，30％桃小灵 2 000 倍液，90％晶体敌百虫 1 000 倍液（高粱上禁用），兑水喷雾。

2. 大豆烟青虫 烟青虫，别名烟夜蛾。幼虫蛀食蕾、花、果，也食害嫩茎、叶、芽。对大豆的生长造成很大的困扰。幼虫会吸食大豆的汁液，从而导致大豆萎蔫或者枯死，影响大豆的价值。

（1）形态特征 成虫。烟青虫成虫体长约 15 mm，翅展 27～35 mm，黄褐色，前翅上有几条黑褐色的细横线、肾状纹和环状纹较棉铃虫清晰；后翅黄褐色，外缘的黑色宽带稍窄。

（2）防治方法

① 喷药防治。在幼虫期，可用 90％敌百虫 1 000 倍液，或 25％西维因 500～1 000 倍液，或 50％杀螟松 500 倍液喷雾。一般从烟青虫危害开始起，每隔 10～15 d 施 1 次药。

② 人工捕捉。在烟青虫危害期间，在阴天或早晨逐株捕捉，效果很好。

3. 东方蝼蛄 成虫、若虫均在土中活动，取食播下的种子、幼芽或将幼苗咬断致死，受害的根部呈乱麻状。由于蝼蛄的活动将表土层穿成许多隧道，使苗根脱离土壤，致使幼苗因失水而枯死，严重时造成缺苗断垄。

（1）形态特征

① 成虫。体黄褐色，前足为开掘足，腿节下缘平直，后足胫节内上方有刺3～4个或更多。前翅短，后翅长，伸出腹部末端如尾状。腹部近纺锤形。

② 卵椭圆形，初产时乳白色，后变黄褐色，孵化前呈暗紫色。

（2）幼虫若虫共8～9龄，初孵时乳白色，后颜色逐渐加深。

（3）防治方法

① 农业防治。冬春季节耕翻土地，毁坏蝼蛄窝室，冻死越冬蝼蛄。

② 物理防治。在成虫盛发期设置黑光灯诱杀，尤其在温度高、天气闷热、无风的夜晚诱杀效果好。

③ 药剂防治。每公顷用57%辛硫磷0.25 kg、麦麸1.5～5 kg，加适量水（拌匀成团，撒出去又能散开），在无风闷热的傍晚撒施效果最佳。

4. 小地老虎 以其幼虫危害幼苗，取食幼苗心叶，切断幼苗近地面的根茎部，使整株死亡，造成缺苗断垄，严重地块甚至绝收。

（1）形态特征

① 幼虫。末龄幼虫黄褐色。至黑褐色，表皮粗糙，布满大小不等的颗粒。头部后唇基呈等边三角形，颅中沟很短，额区直达颅顶，顶呈单峰。腹部1～8节背面各有4个毛片，后2个比前2个大1倍以上。臀板黄褐色，有两条明显的深褐色纵带。

② 成虫。头部及胸部背面暗褐色。雌蛾触角丝状，雄蛾触角基半部双栉齿状，端半部丝状。前翅暗褐色，前缘及外横线至中横线部分，有的个体可达内横线，呈黑褐色。肾形纹、环形纹和楔形纹均镶黑边；肾形纹外侧有1个尖端向外的楔形黑斑，至外缘线内侧有两个尖端向内的楔形黑斑。后翅灰白色，翅脉及外缘黑褐色。

足胫节与跗节外缘灰褐色，中、后足各节末端有灰褐色环纹。

（2）防治方法

① 农业防治。有条件的地方实行轮作，恶化地老虎生存环境。春播前进行春耕细耙等整地工作，可消灭部分卵和早春的杂草寄主，同时在作物幼苗期结合中耕松土，清除田内外杂草并将其烧毁，均可消灭大量卵和幼虫。秋季翻耕田地，暴晒土壤，可杀死大量幼虫和蛹。在清晨刨开断苗附近的表土捕杀幼虫，连续捕捉几次，效果较好。受害重的田块可结合灌水淹杀部分幼虫。

② 物理防治。黑光灯诱杀：成虫盛发期，设置黑光灯诱杀成虫。糖醋酒液诱杀成虫：成虫盛发期，在田间设置糖醋酒盆诱杀成虫，糖醋酒液配制比例为红糖 6 份、醋 3 份、酒 1 份、水 10 份，再加适量敌百虫等农药即成。毒饵诱杀：40%乐果乳油 375 mL，用适量水将药剂稀释，然后拌入炒香的麦麸、豆饼、花生饼、玉米碎粒等饵料中，用量为每公顷 37.5 kg，于傍晚均匀撒入田间，有较好的诱杀效果。也可用 50%辛硫磷 1 500 g 加水 37.5 kg，喷在 100 kg 切碎的鲜草上，于傍晚分成小堆放置在田间，用量为每公顷 225 kg。次日清晨拣拾死虫，防止复发。

③ 药剂防治。小地老虎 1～3 龄幼虫期抗药性差，且暴露在地面上，是喷药防治的最佳时期。傍晚喷药，药剂可选用 2.5%敌杀死乳油 2 000 倍液，或 48%乐斯本乳油 1 000 倍液，或 10%除尽悬浮剂 2 000 倍液，或 5%卡死克乳油 2 000 倍液，或 25%快杀灵乳油 1 000 倍液，或 20%氰戊菊酯 3 000 倍液，或 2.5%溴氰菊酯 3 000 倍液。也可用 25%的敌百虫粉剂 1 kg，拌细土 40 kg，于傍晚撒于田间。此外，还可用 50%辛硫磷乳油 500 倍液灌根。

5. 菜瘿蚊　菜瘿蚊别名菜瘿蝇，寄主为大豆。大豆菜瘿蚊幼虫时期危害豆荚，致荚扭曲弯折，豆粒发育缓慢，受害处现小虫瘿，严重的豆荚干枯脱落。

（1）形态特征　成虫体长 3.2～3.5 mm，深紫黑色，触角丝状，褐色，前翅浅灰褐色，有灰黑色绒毛，膜翅上具纵脉 3 条，双翅交互平褶于体背，平衡棒淡黄色细长。胸足细长，雌虫腹部末端较尖，产卵管细长，产卵时才伸出，雄虫尾部具钳状抱握器一对。卵长圆形，乳白色。幼虫体长2.5～3.0 mm，体扁平，浅黄色，腹部8节，腹背第2节后各节上均具小齿状横列刺。蛹褐红色，头部有黑褐色叉状突1对，末节有横刺1排。

（2）防治方法

① 选用豆荚茸毛少的品种，适期播种，避开该虫产卵及危害盛期。

② 喷洒10％吡虫啉可湿性粉剂1 500倍液或25％爱卡士乳油1 500倍液、1.8％爱福丁乳油3 000倍液，兑水喷施。

6. 大豆根结线虫 大豆根结线虫病症状主要危害大豆根尖。豆根受大豆根结线虫病刺激，形成节状瘤，病瘤大小不等，形状不一，有的小如米粒，有的形成"根结团"，表面粗糙，瘤内有线虫。大豆根结线虫病使病株矮小，叶片黄化，严重时植株萎蔫枯死，田间成片黄黄绿绿，参差不齐。

（1）形态特征 根结线虫雌雄异体。幼虫呈细长蠕虫状。雄成虫线状，尾端稍圆，无色透明，大小（1.0～1.5）mm×（0.03～0.04）mm。雌成虫梨形，多埋藏在寄主组织内，大小（0.44～1.59）mm×（0.26～0.81）mm。该种雌虫会阴区图纹近似圆形，弓部低而圆，背扇近中央和两侧的环纹略呈锯齿状，肛门附近的角质层向内折叠形成一条明显的折纹和肛门上方有许多短的线纹等特征，与本属已记载的其他根结线虫的会阴区图纹显著不同。此外，具有比一般根结线虫较长的侵袭期幼虫。雌虫、雄虫和幼虫的口针较长；背食道腺开口离口针基部球较远；雌虫排泄孔位置偏后。卵囊通常为褐色，表面粗糙，常附着许多细小的颗粒。

（2）防治方法

① 在鉴别清楚当地根结线虫种类基础上有效轮作。北方根结线虫分布区与禾本科作物轮作。南方根结线虫区宜与花生轮作，不能与玉米、棉花轮作。

② 因地制宜地选用抗线虫病品种。同一地区不宜长期连续使用同一种抗病品种。

③ 可选用 10％克线磷、3％米乐尔、5％益舒宝等颗粒剂，每公顷 45～75 kg 均匀撒施后耕翻入土。

7. 孢囊线虫 苗期染病病株子叶和真叶变黄、生育停滞枯萎。被害植株矮小、花芽簇生、节间短缩，开花期延迟，不能结荚或结荚少，叶片黄化。重病株花及嫩荚枯萎、整株叶由下向上枯黄似火烧状。根系染病被寄生主根一侧鼓包或破裂，露出白色亮晶微如面粉粒的孢囊，被害根很少或不结瘤，由于孢囊撑破根皮，根液外渗，致次生土传根病加重或造成根腐。

（1）形态特征 雌雄成虫异形又异皮。雌成虫柠檬形，先白后变黄褐，大小 0.85～0.51 mm。壁上有不规则横向排列的短齿花纹，具有明显的阴门圆锥体，阴门小板为两侧半膜孔型，具有发达的下桥和泡状突。雄成虫线形，皮膜质透明，尾端略向腹侧弯曲，平均体长 1.24 mm。卵长椭圆形，一侧稍凹，皮透明，大小 108.2 $\mu m \times 45.7$ μm。幼虫 1 龄在卵内发育，蜕皮成 2 龄幼虫，2 龄幼虫卵针形，头钝尾细长，3 龄幼虫腊肠状，生殖器开始发育，雌雄可辨。4 龄幼虫在 3 龄幼虫旧皮中发育，不卸掉蜕皮的外壳。

（2）防治方法

① 选用抗病品种如泗豆 11、豫豆 2 号、8118、7803 等。

② 病田可轮作种玉米或水稻，孢囊量可下降 30％以上。

③ 用甲基异柳磷水溶性颗粒剂，每公顷 4.5～6 kg 有效成分，在播种前喷施于地表。在虫量较大地块用 3％呋喃丹颗粒剂每公顷用 45～60 kg 或 5％甲拌磷颗粒剂 90 kg 或 10％涕灭威颗粒剂 37.5～75 kg，拌土后撒于地表。

8. 银锭夜蛾

（1）形态特征 成虫体长 15～16 mm，翅展 32 mm，头胸部灰黄褐色，腹部黄褐色。前翅灰褐色，马蹄形银斑与银点连成 1 凹槽，肾形纹外侧具 1 条银色纵线，亚端线细锯齿形，后翅褐色。末龄幼虫体长 30～34 mm，头较小，黄绿色，两侧具灰褐色斑；背线、亚背线、气门线、腹线黄白色，气门线尤为明显。各节间黄白色，毛片白色，气门筛乳白色，围气门片灰色，腹部第 8 节背面隆起，第9、10节缩小，胸足黄褐色。

（2）防治方法　用青虫菌粉剂1 500倍液，或用10％吡虫啉可湿性粉剂2 500倍液或5％抑太保乳油2 000倍液，于低龄期喷洒，隔20 d 1次。

9. 点蜂缘蝽

（1）形态特征　成虫体长15～17 mm，宽3.6～4.5 mm，狭长，黄褐至黑褐色，被白色细绒毛。头在复眼前部成三角形，后部细缩如颈。触角第1节长于第2节，第1～3节端部稍膨大，基半部色淡，第4节基部距1/4处色淡。喙伸达中足基节间。头、胸部两侧的黄色光滑斑纹成点斑状或消失。前胸背板及胸侧板具许多不规则的黑色颗粒，前胸背板前叶向前倾斜，前缘具领片，后缘有2个弯曲，侧角成刺状。小盾片三角形。前翅膜片淡棕褐色，稍长于腹末。腹部侧接缘稍外露，黄黑相间。足与体同色，胫节中段色淡，后足腿节粗大，有黄斑，腹面具4个较长的刺和几个小齿，基部内侧无突起，后足胫节向背面弯曲。腹下散生许多不规则的小黑点。卵长约1.3 mm，宽约1 mm。半卵圆形，附着面弧状，上面平坦，中间有一条不太明显的横形带脊。若虫1～4龄体似蚂蚁，5龄体似成虫仅翅较短。各龄体长：1龄2.8～3.3 mm、2龄4.5～4.7 mm、3龄6.8～8.4 mm、4龄9.9～11.3 mm、5龄12.7～14 mm。

（2）防治方法

① 早晚捕杀成虫和若虫，摘除卵块和初孵若虫。

② 在若虫孵化至3龄期，喷洒50％敌敌畏乳油800～1 000倍液或50％对硫磷乳油1 500～2 000倍液、2.5％敌杀死乳油3 000倍液、20％灭扫利乳油3 000倍液、50％马拉硫磷乳油1 000～1 500倍液。

10. 豆类豆田斜纹夜蛾

豆类豆田斜纹夜蛾属于鳞翅目，夜蛾科。幼虫食叶成缺刻或孔洞，严重的把叶片吃光。也危害豆类的茎和荚。

（1）形态特征　成虫为体型中等略偏小（体长14～20 mm、翅展 35～40 mm）的暗褐色蛾，前翅斑纹复杂，其斑纹最大特点是在两条波浪状纹中间有 3 条斜伸的明显白带，故名斜纹夜蛾。幼虫一般 6 龄，老熟幼虫体长近 50 mm，头黑褐色，体色则多变，一般为暗褐色，也有呈土黄、褐绿至黑褐色的，背线呈橙黄色，在亚背线内侧各节有一近半月形或似三角形的黑斑。

（2）防治方法

① 药剂防治。幼虫 3 龄以前在 10：00 或 16：00 用药，可选用 20％灭扫利 3 000 倍液；10％吡虫啉 2 500 倍液；15％菜虫净 1 500 倍液；90％敌百虫 1 000 倍液等交替使用，以免害虫产生抗药性。

② 诱杀成虫。按酒：水：糖：醋＝1：2：3：4 的比例配制诱虫液，将盆于傍晚放于田间（用支架等方法使盆高于植株），诱杀成虫。

11. 豆类豆灰蝶　也称作豆小灰蝶、银蓝灰蝶。幼虫咬食叶片下表皮及叶肉，残留上表皮，个别啃食叶片正面，严重的把整个叶片吃光，只剩叶柄及主脉，有时也危害茎表皮及幼嫩荚角。

（1）形态特征　成虫体长 9～11 mm，翅展 25～30 mm。雌雄异形。雄翅正面青蓝色，具青色闪光，黑色缘带宽，缘毛白色且长；前翅前缘多白色鳞片，后翅具 1 列黑色圆点与外缘带混合。雌翅棕褐色，前、后翅亚外缘的黑色斑镶有橙色新月斑，反面灰白色。前、后翅具 3 列黑斑，外列圆形与中列新月斑点平行，中间夹有橙红色带，内列斑点圆形，排列不整齐，第 2 室 1 个，圆形，显著内移，与中室端长形斑上下对应，后翅基部另具黑点 4 个，排成直线；黑色圆斑外围具白色环。卵扁圆形，直径 0.5～0.8 mm，初黄绿色，后变黄白色。幼虫头黑褐色，胴部绿色，背线色深，两侧具黄边，气门上线色深，气门线白色。老熟幼虫体长 9～13.5 mm。背面具 2 列黑斑。蛹长 8～11.2 mm，长椭圆形，淡黄绿色，羽化前灰黑色，无长毛及斑纹。

（2）防治方法

① 选用抗虫品种。

② 秋冬季深翻灭蛹。

③ 幼虫孵化初期喷洒 25％灭幼脲 3 号悬浮剂 500～600 倍液，使幼虫不能正常蜕皮或变态而死亡。百株有虫高于 100 头时，及时喷洒 20％氰戊菊酯乳油 2 000 倍液或 10％吡虫啉可湿性粉剂 2 500 倍液、20％灭多威乳油 1 500～2 000 倍液。

12. 豆类大豆毒蛾

（1）形态特征　成虫翅展雄 34～40 mm、雌 45～50 mm。触角干褐黄色，栉齿褐色；下唇须、头、胸和足深黄褐色；腹部褐色；后胸和第 2、3 腹节背面各有 1 黑色短毛束；前翅内区前半褐色，布白色鳞片，后半黄褐色，内线为 1 褐色宽带，内侧衬白色细线，横脉纹肾形，褐黄色，深褐色边，外线深褐色，微向外弯曲，中区前半褐黄色，后半褐色布白鳞，亚端线深褐色，外线与亚端线间黄褐色，前端色浅，端线深褐色衬白色，在臀角处内突，缘毛深褐色与褐黄色相间；后翅淡黄色带褐色；前、后翅反面黄褐色；横脉纹、外线、亚端线和缘毛黑褐色。雌蛾比雄蛾色暗。幼虫体长 40 mm 左右，头部黑褐色、有光泽、上具褐色次生刚毛，体黑褐色，亚背线和气门下线为橙褐色间断的线。前胸背板黑色，有黑色毛；前胸背面两侧各有 1 黑色大瘤，上生向前伸的长毛束，其余各瘤褐色，上生白褐色毛，Ⅱ瘤上并有白色羽状毛（除前胸及第 1～4 腹节外）。第 1～4 腹节背面有暗黄褐色短毛刷，第 8 腹节背面有黑褐色毛束；胸足黑褐色，每节上方白色，跗节有褐色长毛；腹足暗褐色。

（2）防治方法

① 灯光诱杀成虫。

② 化学防治：利用低龄幼虫集中危害的特点，在 1～3 龄期适时喷洒 90％晶体敌百虫 800 倍液或 80％敌敌畏乳油 1 000 倍液。

③ 生物防治：可喷洒每克含 100 亿孢子杀螟杆菌粉 700～800 倍液。

13. 豆类丝大蓟马　成、若虫聚集在心叶、嫩芽上危害，严重时心叶不能伸开，生长点萎缩或丛生，生长缓慢。

（1）形态特征　雌成虫体长 1.4～1.5 mm。体暗褐色，触角第

3 节黄色，其余节暗褐色，跗节黄色。前翅淡灰色，中央具一宽的暗褐色带，顶端暗褐色。触角第 8 节长为第 7 节长的 2 倍以下。单眼间鬃长，位于三角形连线外缘。前胸背板前角各具 1 根长鬃，后角各具 2 根长鬃。前翅上脉基中部具 11～14 根鬃，端鬃 2 根；下脉鬃 12～13 根。前足胫节顶端内侧有刺。腹部 2～8 背板近前缘有一稍宽的黑色横纹，第 5～8 背板两侧无微弯梳，第 8 背板两侧气孔附近有少量微毛，后缘梳不完整。

（2）防治方法　在大豆始花期，可用 3％天达啶虫脒微乳剂 1 500 倍液、98％巴丹可溶性粉剂 1 000 倍液、50％辛硫磷乳油 1 000 倍液、10％除尽悬浮剂 2 000 倍液、5％卡死克可分散液剂 1 000 倍液、10％吡虫啉可湿性粉剂 2 000 倍液、5％锐劲特悬浮剂 2 500 倍液、2.5％保得乳油 2 000 倍液、2％天达阿维菌素乳油 2 000 倍液、70％艾美乐水分散粒剂 15 000 倍液等喷雾防治。

14. 豆荚野螟　豆荚野螟又被称作豆螟蛾、大豆螟蛾、豇豆螟、大豆卷叶螟。以幼虫危害豆叶、花及豆荚，早期造成落荚，后期种子被食，蛀孔堆有腐烂状的绿色粪便。幼虫还能吐丝卷张叶片并在内取食叶肉，以及蛀害花瓣和嫩茎，造成落花、枯梢，对产量和品质影响很大。

（1）形态特征　成虫：体长 10～16 mm，翅长 25～28 mm。体灰褐色，前翅黄褐色，前缘色较淡，在中室部有 1 个白色透明带状斑，在室内及中室下面各有 1 个白色透明的小斑纹。后翅近外缘有 1/3 面积色泽同前翅，其余部分为白色半透明，有若干波纹斑。前后翅都有紫色闪光。雄虫尾部有灰黑色毛 1 丛，挤压后能见黄白色抱握器 1 对。雌虫腹部较肥大，末端圆筒形。

（2）防治方法

① 物理防治。在豆田设置黑光灯诱杀成虫。

② 在大豆盛花期，可选用 5％抑太保乳油 2 000 倍液，或 Bt 乳剂（100 亿孢子/g）500 倍液，或 25％灭幼脲 2 号 500 倍液，或 2.5％保得乳油 2 000～4 000 倍液，或 20％氯氰乳油 3 000 倍液，或 20％杀灭菊酯乳油 3 000 倍液，或 2.5％功夫乳油 3 000 倍液，

或 2.5％天王星乳油 3 000 倍液，或 25％菊乐合剂 3 000 倍液。

15. 豆类红背安缘蝽 成、若虫刺吸豆荚、嫩芽汁液，致豆粒萎缩、嫩芽枯萎，影响产量和品质。

（1）形态特征 成虫体长 20～27 mm，宽 8～10 mm，棕褐色。触角第 4 节棕黄色。前胸背板中央具 1 条浅色纵带纹，侧缘直，具细齿，侧角钝圆。后胸臭腺孔和腹部背面橙红色。雌虫第 3 节腹板中部向后稍弯曲，雄虫则相应部位向后扩延成瘤突，伸达第 4 节腹板的后缘。雌虫后足腿节稍弯曲，近端处有 1 个小齿突；雄虫后足腿节强弯曲，粗壮，内侧基部有显著的短锥突，近端部扩展成三角形的齿状突。雄虫生殖节后缘宽圆形，中央稍凹入。卵长 2.2～2.6 mm，略呈腰鼓状，横置，下方平坦。初产时淡褐色，以后变为暗褐色。

（2）防治方法 喷洒 50％乙酰甲胺磷乳油 1 000 倍液或 25％杀虫双水剂 400 倍液、2.5％溴氰菊酯乳油 2 000～2 500 倍液、10％多来宝胶悬剂 1 000 倍液、10％吡虫啉可湿性粉剂 1 000～1 500倍液。

16. 大豆蚜 吸食大豆嫩枝叶的汁液，造成大豆茎叶卷缩，根系发育不良，分枝结荚减少。此外，还可传播病毒病。

（1）形态特征 有翅孤雌蚜体长 1.2～1.6 mm，长椭圆形，头、胸黑色，额瘤不明显，触角长 1.1 mm，第 3 节具次生感觉圈 3～8 个，第 6 节鞭节为基部两倍以上；腹部圆筒状，基部宽，黄绿色，腹管基半部灰色，端半部黑色，尾片圆锥形，具长毛 7～10 根，臀板末端钝圆，多毛。无翅孤雌蚜体长 1.3～1.6 mm，长椭圆形，黄色至黄绿色，腹部第 1、7 节有锥状钝圆形突起；额瘤不明显，触角短于躯体，第 4、5 节末端及第 6 节黑色，第 6 节鞭部为基部长的 3～4 倍，尾片圆锥状，具长毛 7～10 根，臀板具细毛。

（2）防治方法

① 农业防治。及时铲除田边、沟边、塘边杂草，减少虫源。

② 利用银灰色膜避蚜和黄板诱杀。

③ 防治根据虫情调查，在卷叶前施药。20％速灭杀丁乳油2 000倍液，在蚜虫高峰前始花期均匀喷雾，喷药量为300 kg/hm²；15％唑蚜威乳油2 000倍液喷雾，喷药量150 kg/hm²；15％吡虫啉可湿性粉剂2 000倍液喷雾，喷药量300 kg/hm²；1％～3％蜡蚧轮枝菌素溶液喷雾。

17. 人纹污灯蛾　俗称红腹白灯蛾、人字纹灯蛾。幼虫食叶，吃成孔洞或缺刻。

（1）形态特征　成虫体长约20 mm，翅展45～55 mm。体、翅白色，腹部背面除基节与端节外皆红色，背面、侧面具黑点列。前翅外缘至后缘有1斜列黑点，两翅合拢时呈"人"字形，后翅略染红色。卵扁球形，淡绿色，直径约0.6 mm。末龄幼虫约50 mm长，头较小，黑色，体黄褐色，密被棕黄色长毛；中胸及腹部第1节背面各有横列的黑点4个；腹部第7～9节背线两侧各有1对黑色毛瘤，腹面黑褐色，气门、胸足、腹足黑色。蛹体长18 mm，深褐色，末端具12根短刚毛。

（2）防治方法

① 利用黑光灯诱杀成虫。

② 药剂防治。可用50％辛硫磷乳油1 000倍液；21％灭杀毙4 000倍液；90％晶体敌百虫1 000～1 500倍液；4％乐果乳油1 000～1 500倍液喷雾。

18. 豆天蛾　俗称大豆天蛾。幼虫食叶，严重时将全株叶片吃光，不能结荚。

（1）形态特征　成虫体长40～45 mm，翅展100～120 mm。体、翅黄褐色，头及胸部有较细的暗褐色背线，腹部背面各节后缘有棕黑色横纹。前翅狭长，前缘近中央有较大的半圆形褐绿色斑，中室横脉处有1个淡白色小点，内横线及中横线不明显，外横线呈褐绿色波纹；有褐绿色纵带，近外缘呈扇形，顶角有1条暗褐色斜纹，将顶角分为二等分；后翅暗褐色，基部上方有超色斑。卵椭圆形，2～3 mm，初产黄白色，后转褐色。老熟幼虫体长约90 mm，黄绿色，体表密生黄色小突起。胸足橙褐色。腹部两侧各有7条向背后倾斜的黄白色条纹，臀背具尾角 1 个。蛹长约 50 mm、宽 18 mm，红褐色。头部口器明显突出，略呈钩状，喙与蛹体紧贴，末端露出。5~7 腹节的气孔前方各有 1 个气孔沟，当腹节活动时可因摩擦而微微发出声响；臀棘三角形，具许多粒状突起。

（2）防治方法

① 选种抗虫品种。

② 采用轮作，尽量避免连作豆科植物，可以减轻危害。

③ 利用成虫较强的趋光性，设置黑光灯诱杀成虫，可以减少豆田的落卵量。

④ 生物防治。用杀螟杆菌或青虫菌（每克含孢子量 80 亿~100 亿）稀释 500~700 倍液，每亩用菌液 50 kg。

⑤ 药剂防治。用 2.5% 敌百虫粉剂或 2% 西维因粉剂，每公顷喷 30~37.5 kg。或喷雾用 90% 晶体敌百虫 800~1 000 倍，或 45% 马拉硫磷乳油 1 000 倍，或 50% 辛硫磷乳油 1 500 倍，或 2.5 溴氰菊酯乳剂 5 000 倍液。

19. 豆卷叶野螟　低龄幼虫不卷叶，3 龄后把叶横卷成筒状，潜伏在其中取食叶肉，有时数叶卷在一起，大豆开花结荚期受害重，常引致落花、落荚。

（1）形态特征

① 成虫。体长约 12 mm，翅展 22~24 mm，全体黄白色，前翅上有暗灰色花纹，外横线、中横线、内横线呈波状，中横线和内横线间有 2 个较深的斑纹；后翅也有 2 条波状纹。

② 卵。乳白色，长约 1 mm，椭圆形。

③ 幼虫。老熟幼虫体绿色，白色刚毛细长，背血管暗绿色，较明显。腹部背面毛片为两排，前排 4 个，中央 2 个稍大，后排 2 个稍小。

④ 蛹。长约 13 mm，刚化蛹时绿色，后变褐色，第 6~8 节向外弯曲，有突起，尾端有 4 个端部弯曲的臀棘。

（2）防治方法

① 农业防治。大豆采收后及时清除田间的枯枝落叶，在幼虫

发生期结合农事操作，人工摘除卷叶。

② 药剂防治。在各代发生期，查见有 1‰～2‰的植株有卷叶危害时开始防治，隔 7～10 d 防治 1 次，药剂可选用 16 000 IU/mg Bt 可湿性粉剂 600 倍液，或 1%阿维菌素乳油 1 000 倍液，或 2.5%敌杀死乳油 3 000 倍液等。

20. 豆叶东潜蝇　幼虫在叶片内潜食叶肉，仅留叶表，在叶面上呈现直径 1～2 cm 的白色膜状斑块，每叶可有 2 个以上斑块，影响作物生长。

（1）形态特征　成虫为小型蝇，翅长 2.4～2.6 mm。具小盾前鬃及两对背中鬃，平衡棒非全黑色。体黑色；单眼三角尖端仅达第一上眶鬃，颊狭，约为眼高 1/10；小盾前鬃长度较第一背中鬃的一半稍长；腋瓣灰色，缘缨黑色，平衡棍棕黑色，但端部部分白色。雄蝇下生殖板两臂较细，其内突约与两臂等长，阳具有长而卷曲的小管及叉状突起；雌蝇产卵器瓣具紧密锯齿列，锯齿瘦长，端部钝。幼虫体长约 4 mm，黄白色，口钩每颚具 6 齿；咽骨背角两臂细长，腹角具窗，骨化很弱；前气门短小，结节状，具 3～5 个开孔；后气门平覆在第 8 腹节后部背面大部分，具 31～57 个开孔，排成 3 个羽状分支。蛹长约 2.8 mm，红褐色，蛹体卵形，节间明显缢缩，体下方略平凹。前、后气门不明显突出体表，前气门很小，结节状；后气门平覆在第 8 腹节后背面，呈 3 分支羽状排列。

（2）防治方法　幼虫处于初龄阶段，大部分幼虫尚未钻蛀隧道，药剂易发挥作用。常用药剂有：50%马拉硫磷乳油 1 000～2 000 倍液，20%氰戊菊酯乳油或 2.5%溴氰菊酯乳油或 20%甲氰菊酯乳油 6 000～7 000 倍液，或 40%水胺硫磷乳油 1 000 倍液，隔 7～10 d 喷 1 次，连续防治 2～3 次。

21. 豆芫菁　豆芫菁为鞘翅目，芫菁科。从南到北广泛分布于中国很多省份，主要以成虫危害大豆及其他豆科植物的叶片及花瓣，尤喜食幼嫩部位，具有暴食性和群食性。有的还对豆荚造成危害，使受害株不能结实，对大豆产量影响很大，需及时防治。

（1）形态特征　成虫体长 14.5～25 mm，宽 4～5.5 mm，全体黑色被细短黑色毛，仅头部两侧后方红色，其余黑色，额中间具 1 块红斑；前胸背板中间具白色短毛组成的纵纹 1 条，沿鞘翅的侧缘、端缘及中缝处长有白毛，头部具密刻点，触角基部内侧生黑色发亮圆扁瘤 1 个。雌虫触角丝状，雄虫触角栉齿状，3～9 节向一侧展宽，第 4 节宽是长的 3 倍，前胸背板两侧平行，从端部的 1/3 处向前收缩。前足腿节、胫节背面密被灰短毛，中后足毛稀。雄虫前足第 1 跗节基半部细，向内侧凹，端部阔，雌虫不明显。发生规律：连作地、田间及四周杂草多；地势低洼、排水不良、土壤潮湿；氮肥使用过多或过迟；栽培过密，株行间通风透光差；施用的农家肥未充分腐熟；上年秋冬温暖、干旱、少雨雪，翌年高温气候有利于虫害的发生与发展。

（2）防治方法

① 越冬防治。根据豆芫菁经幼虫在土中越冬的习性，冬季翻耕豆田，增加越冬幼虫的死亡率。

② 人工网捕成虫。成虫有群集危害习性，可于清晨用网捕成虫，集中消灭。

③ 药剂防治。有机磷类和菊酯类农药均可防治，喷药时要从群体外围向中心喷。喷药时间宜在傍晚进行。药剂选择：44%氯氰菊酯或 20%氰戊菊酯乳油 2 000 倍液、40%毒死蜱乳油 1 000 倍液或 90%晶体敌百虫 1 000～2 500 倍液喷雾，均可杀死成虫。

第三节　膜下滴灌大豆草害种类及防治

大豆田杂草的发生特点：大豆通常在 5 月中旬播种，9～10 月收获，大豆生长季节正处于高温多雨的季节。大豆田杂草的发生特点：来势猛，密度大，生长势强，易形成草荒，产量损失率较高。杂草种类多，单双子叶杂草混合危害，往往因错过防治适期，造成危害。

1. 鸭跖草

（1）生物性状　鸭跖草为一年生杂草，茎下部匍匐生根，上部直立或斜升，长 30～50 cm，叶互生，披针形至卵状披针形，基部下延成鞘，有紫红色条纹。总包片佛焰苞状，有长柄，生于叶腋，卵状心形，稍弯曲，边缘常有硬毛；花数朵，略伸出苞外；花瓣 3 片，深蓝色先端呈蝴蝶状，蒴果椭圆形，2 室，有 4 粒种子，种子表面凹凸不平，土褐色或深褐色，种子繁殖。喜潮湿，耐干旱，发生密度大，危害严重，成为大豆田难治杂草。

（2）防治技术　大豆田化学除草可在秋季施药或春季播前施药。可用的药剂有：每公顷可用 75％宝收 25～30 g；90％禾耐斯（乙草胺）2 000～2 500 mL；96％金都尔 1 500～2 250 mL；72％异丙草胺（普乐宝）3 000～3 750 mL；50％乐丰宝 4 320～5 400 mL；48％广灭灵 1 500～2 000 mL；5％普施特 1 500 mL；80％阔草清 60～75 mL；50％速收 150～180 g。

2. 苣荬菜

（1）生物性状　苣荬菜为多年生草本，茎直立，高 20～150 cm，基生叶倒向羽状分裂，头状花序，瘦果楔形，以种子和根蘖进行繁殖。苣荬菜耐干旱、抗盐碱、抗药性强，属难治杂草。

（2）防治技术　每公顷可用 48％广灭灵 2 000～2 500 mL；80％阔草清 60～75 mL；70％大豆欢 2.7～4.5 L。72％的 2,4 - D 丁酯 750 mL＋48％广灭灵 1 000 mL。

大豆苗后 2 片复叶期，每公顷可用 48％排草丹 3 000 mL；25％氟磺胺草醚 1 500 mL；25％氟磺胺草醚 1 200 mL＋48％广灭灵 1 000 mL；48％排草丹 1 200 mL＋48％广灭灵 1 000 mL＋药笑宝、信得宝，浓度为 1％；25％氟磺胺草醚 1 000 mL＋48％广灭灵 1 000 mL＋药笑宝、信得宝或快得七，8％耕田易 2.5～2.7 L＋药笑宝、信得宝（浓度为 1％）。

3. 问荆

（1）生物性状　问荆为多年生草本，根茎发达，并常具小球茎。地上茎直立，孢子茎先发，不分枝，高 10～30 cm 肉质，黄白色或淡黄褐色，鞘长而大，棕褐色；孢子囊穗顶生，钝头。孢子茎枯萎前，在同一根茎上生出营养茎，高 15～60 cm，绿色，有棱脊 6～15 条；鞘齿披针形，黑色，边缘膜质，灰白色；分枝轮生，单一或再分枝，根茎和孢子繁殖。根茎在土壤中横长，可达几米长，喜潮湿微酸性土壤，耐药性强，防治困难，大豆田中危害严重。

（2）防治技术　大豆苗后，每公顷可施 25％氟磺胺草醚 1 500 mL 或 48％广灭灵 1 500～2 000 mL 或 25％氟磺胺草醚 700 mL＋48％广灭灵 700 mL＋药笑宝、信得宝（浓度为 1％）。

4. 芦苇

（1）生物性状　多年生草本，具长而粗壮匍匐根状茎，秆直立，高 1～3 m，节下常有白粉。叶片长 15～45 cm，宽 1～3.5 cm；叶鞘无毛或具细毛；叶舌有毛。圆锥花序长 10～40 cm，分枝稠密，向上伸展，下部枝腋间具长柔毛，小穗含 4～7 小花；颖具 3 脉，第 1 颖短小，第 2 颖稍长；第 1 小花多为雄性，其他为两性；生于低湿地或浅水中，部分新垦地受害严重，其根状茎繁殖力强，耐盐碱，危害严重，难以防除。

（2）防治技术　大豆出苗后芦苇株高 40～50 cm 施药：每公顷可用 15％精稳杀得 1 500 mL＋药笑宝、信得宝（浓度为 1％）；10.8％高效盖草能 750～900 mL＋加药笑宝、信得宝（浓度为 1％）。

5. 稗草

（1）生物性状　稗草是一年生草本。稗草和稻草外形极为相似。秆直立，基部倾斜或膝曲，光滑无毛。叶鞘松弛，无叶舌；叶片无毛。圆锥花序主轴具角棱，粗糙；小穗密集于穗轴的一侧，具极短柄或近无柄；第 1 颖三角形，基部包卷小穗，长为小穗的 1/3～1/2，具 5 脉，被短硬毛或硬刺疣毛，第 2 颖先端具小尖头，具 5 脉，脉上具刺状硬毛，脉间被短硬毛；第 1 外稃草质，上部具 7 脉，先端延伸成 1 粗壮芒，内稃与外稃等长。形状似稻但叶片毛涩，颜色较浅。稗草与大豆共同吸收稻田里养分，因此，稗草属于恶性杂草。

（2）防治技术　每公顷可用 96％金都尔乳油 1 050 mL＋广灭灵 675 mL＋速收 60 g 在大豆播后出苗前 2 d 施药，防效可达 100％。每公顷可用 90％乙草胺 1 350 mL＋广灭灵 675 mL＋速收 60 g，防效可达 99.2％。每公顷可用 50％乙草胺 2 250 mL＋广灭灵 675 mL＋速收 60 g，防效可达 98.4％。每公顷可用 50％乐丰宝 3 150 mL＋广灭灵 675 mL＋速收 60 g，防效可达 99.2％。

6. 狗尾草

（1）生物性状　狗尾草为一年生晚春性杂草。以种子繁殖，一般 4 月中旬至 5 月种子发芽出苗，发芽适温为 15～30 ℃，5 月上中旬大发生高峰期，8～10 月为结实期。种子可借风、流水与粪肥传播，经越冬休眠后萌发。根为须状，高大植株具支持根。秆直立或基部膝曲，高 10～100 cm，基部径达 3～7 mm。叶鞘松弛，无毛或疏具柔毛，边缘具较长的密绵纤毛；叶舌极短，缘有长 1～2 mm 的纤毛；叶片扁平，长三角状狭披针形或线状披针形，先端长渐尖或渐尖，基部钝圆形，几呈截状或渐窄，长 4～30 cm，宽 2～18 mm，通常无毛或疏被毛，边缘粗糙。

（2）防治技术　每公顷可用 15％精喹・氟磺胺乳油＋助剂 1 350～1 500 mL；或 25％灭・喹・氟磺胺微乳剂 1 500～1 800 mL，兑水 300～450 kg 在大豆 1～3 片复叶期施用。

7. 马唐

（1）生物性状　一年生或多年生草本。秆丛生，斜升，节着地生根。叶带状披针形，叶鞘基部及鞘口有毛。叶舌膜质，黄棕色，先端钝圆。指状花序，小穗成对着生于穗轴一侧，一有柄，另一无柄或具短柄。幼苗：密生柔毛。第 1 片真叶卵状披针形，具 19 条平行脉，叶鞘脉 7 条。叶舌微小，顶端齿裂，叶鞘密被长柔毛。第 2 片真叶带状披针形，叶舌三角形，全株被毛。

（2）防治技术　在大豆 1～3 片复叶，每公顷用 15％精喹・氟磺胺乳油＋助剂 1 350～1 500 mL，兑水喷施。

8. 野燕麦

（1）生物性状　一年生草本植物。须根较坚韧，秆直立，高可达 120 cm，叶舌透明膜质，叶片扁平，微粗糙，圆锥花序开展，金字塔形，含小花，第一节颖草质，外稃质地坚硬，第 1 外稃背面中部以下具淡棕色或白色硬毛，芒自稃体中部稍下处伸出，叶鞘松弛，光滑或基部者被微毛；叶舌透明膜质，长 1～5 mm；叶片扁平，长 10～30 cm，宽 4～12 mm，微粗糙，或上面和边缘疏生柔毛，4～9 月开花结果。

（2）防治技术　杂草 2～4 叶期间，用 50%唑啉草酯乳油、30%甲基二磺隆油悬乳剂、15%炔草酸乳油、6.9%精噁唑禾草灵悬乳剂等防除。

9. 牛筋草

（1）生物性状　一年生草本。根系极发达。秆丛生，基部倾斜。叶鞘两侧压扁而具脊，松弛，无毛或疏生疣毛；叶舌长约 1 mm；叶片平展，线形，长 10～15 cm，宽 3～5 mm，无毛或上面被柔毛。穗状花序 2～7 个，指状，着生于秆顶，很少单生。小穗长 4～7 mm，宽 2～3 mm，含 3～6 小花。颖披针形，具脊，脊粗糙。囊果卵形，基部下凹，具明显的波状皱纹。花果期 6～10 月。一年生草本。根系极发达。秆丛生，基部倾斜，高 10～90 cm。

（2）防治技术　在杂草 2～4 叶期时，每公顷用 24%烯草酮 300～600 mL＋10.8%精喹禾灵乳油 675～900 mL，兑水喷施。

10. 苍耳

（1）生物性状　菊科，苍耳属一年生草本植物，高可达90 cm。根纺锤状，茎下部圆柱形，上部有纵沟，叶片三角状卵形或心形，近全缘，边缘有不规则的粗锯齿，上面绿色，下面苍白色，被糙伏毛。雄性的头状花序球形，总苞片长圆状披针形，花托柱状，托片倒披针形，花冠钟形，花药长圆状线形；雌性的头状花序椭圆形，外层总苞片小，披针形，喙坚硬，锥形，瘦果倒卵形。7～8 月开花，9～10 月结果。

（2）防治技术　在大豆出苗前，每公顷用赛克津 525 g 兑水喷施地表。在苍耳 2～5 叶期，每公顷用排草丹 562.5 g 或虎威 499.5 g或杀草丹 3 000 g 茎叶处理，均可达到 95%以上的防效。

11. 苋

（1）生物性状 一年生草本植物，高可达 150 cm；茎粗壮，绿色或红色，常分枝，幼时有毛或无毛。叶片卵形、菱状卵形或披针形，绿色或常呈红色，紫色或黄色，或部分绿色夹杂其他颜色，顶端圆钝或尖凹，基部楔形，全缘或波状缘，无毛。喜温、喜光，最适生长温度为 23～27 ℃，耐旱、耐盐碱，对土壤要求不严。

（2）防治技术 在大豆出苗后 1～3 复叶，杂草 2～5 叶期时，每公顷用 25％氟磺胺草醚水剂 900～2 000 mL，兑水喷洒茎叶。

12. 龙葵

（1）生物性状 一年生草本植物，全草高 30～120 cm；茎直立，多分枝；卵形或心形叶子互生，近全缘；夏季开白色小花，4～10 朵呈聚伞花序；球形浆果，成熟后为黑紫色。

（2）防治技术 大豆播种前，每公顷用 33％二甲戊灵乳油 3 000～4 500 mL，兑水 225～300 kg 封闭土壤。

13. 田旋花

（1）生物性状 多年生草本，近无毛。根状茎横走。茎平卧或缠绕，有棱。蒴果球形或圆锥状；种子椭圆形。多年生草质藤本，近无毛。根状茎横走。叶柄长 1～2 cm；叶片戟形或箭形，长 2.5～6 cm，宽 1～3.5 cm，全缘或 3 裂，先端近圆或微尖，有小突尖头；中裂片卵状椭圆形、狭三角形、披针状椭圆形或线形；侧裂片开展或呈耳形。

（2）防治技术 每公顷用 75％氟磺唑草胺 320～440 g，兑水 750 L 茎叶喷施。

14. 铁苋菜

（1）生物性状 一年生草本，高 0.2～0.5 m。小枝细长，被贴柔毛，毛逐渐稀疏。叶膜质，长卵形、近菱状卵形或阔披针形，长 3～9 cm，宽 1～5 cm。雌雄花同序，花序腋生，稀顶生。花序梗长 0.5～3 cm，花梗长 0.5 mm。蒴果直径 4 mm，具 3 个分果爿，果皮具疏生毛和毛基变厚的小瘤体。种子近卵状，种皮平滑，假种阜细长。

（2）防治技术　在铁苋菜 2 叶期时，每公顷用 25％氟磺胺草醚水剂 900 mL、24％乳氟禾草灵乳油 375 mL 或 10％乙羧氟草醚乳油 600 mL 兑水防除。

在铁苋菜 4～6 叶期时，每公顷用 25％氟磺胺草醚水剂 1 200～2 000 mL，兑水喷施茎叶。

15. 香薷

（1）生物性状　直立草本，高 0.3～0.5 m，密集的须根。茎通常自中部以上分枝，钝四棱形，具槽，无毛或被疏柔毛，常呈麦秆黄色，老时变紫褐色。叶卵形或椭圆状披针形，穗状花序，花梗纤细，近无毛，花萼钟形，花冠淡紫色，花丝无毛，花药紫黑色。花期 7～10 月。

（2）防治技术　在大豆出苗前，每公顷用 20％氯嘧磺隆 60～75 g；或在大豆播种前，每公顷用 50％乙草胺 2.25～3.0 L 封闭土壤。

16. 水棘针

（1）生物性状　一年生草本，基部有时木质化，高 0.3～1 m，呈金字塔形分枝。茎四棱形，紫色，灰紫黑色或紫绿色，被疏柔毛或微柔毛，以节上较多。叶柄长 0.7～2 cm，紫色或紫绿色，有沟，具狭翅，被疏长硬毛；叶片纸质或近膜质，三角形或近卵形，3 深裂，稀不裂或 5 裂，裂片披针形，边缘具粗锯齿或重锯齿，中间的裂片长 2.5～4.7 cm，宽 0.8～1.5 cm，无柄，两侧的裂片长 2～3.5 cm，宽 0.7～1.2 cm，无柄或几无柄，基部不对称，下延，叶片上面绿色或紫绿色，被疏微柔毛或几无毛，下面略淡，无毛，中肋隆起，明显。花序为由松散具长梗的聚伞花序所组成的圆锥花序；苞叶与茎叶同形，变小；小苞片微小，线形，长约 1 mm，具缘毛；花梗短，长 1～2.5 mm，与总梗被疏腺毛。花萼钟形，长约 2 mm，外面被乳头状突起及腺毛，内面无毛，具 10 脉，其中 5 脉明显隆起，中间脉不明显，萼齿 5，近整齐，三角形，渐尖，长约 1 mm 或略短，边缘具缘毛；果时花萼增大。花冠蓝色或紫蓝色，冠筒内藏或略长于花萼，外面无毛，冠檐 2，唇形，外面被腺毛，上唇 2 裂，长圆状卵形或卵形，下唇略大，3 裂，中裂片近圆形，侧裂片与上唇裂片近同形。雄蕊 4，前对能育，着生于下唇基部，花芽时内卷，花时向后伸长，自上唇裂片间伸出，花丝细弱，无毛，伸出雄蕊约 1/2，花药 2 室，室叉开，纵裂，成熟后贯通为 1 室，后对为退化雄蕊，着生于上唇基部，线形或几无。花柱细弱，略超出雄蕊，先端不相等 2 浅裂，前裂片细尖，后裂片短或不明显。花盘环状，具相等浅裂片。小坚果倒卵状三棱形，背面具网状皱纹，腹面具棱，两侧平滑，合生面大，高达果长 1/2 以上。花期 8～9 月，果期 9～10 月。

（2）防治技术　在大豆出苗后 2 片复叶，杂草 2～4 叶期时，每公顷用 18% 氟磺·精喹·异噁乳油 3 000～3 750 mL，兑水 225 kg 茎叶喷施。

17. 狼把草

（1）生物性状　一年生草本。茎直立，高 30～80 cm，有时可达 90 cm；由基部分枝，无毛。叶对生，茎顶部的叶小，有时不分裂，茎中、下部的叶片羽状分裂或深裂；裂片 3～5，卵状披针形至狭披针形；稀近卵形，基部楔形，稀近圆形，先端尖或渐尖，边缘疏生不整齐大锯齿，顶端裂片通常比下方者大；叶柄有翼。头状花序顶生，球形或扁球形；总苞片 2 列，内列披针形，干膜质，与头状花序等长或稍短，外列披针形或倒披针形，比头状花序长，叶状；花皆为管状，黄色；柱头 2 裂。

（2）防治技术　在大豆出苗后 1～3 复叶、杂草 2～5 叶期时，每公顷用 25% 氟磺胺草醚水剂 900～2 000 mL，或每公顷用 21.4% 三氟羧草醚水剂 1 875～2 250 mL，兑水喷雾茎叶。

18. 柳叶刺蓼

（1）生物性状　茎直立或上升，高可达 90 cm，叶片披针形或狭椭圆形，顶端通常急尖，基部楔形，边缘具短缘毛；叶密生短硬伏毛；托叶鞘筒状，膜质，总状花序呈穗状，顶生或腋生，花序梗密被腺毛；苞片漏斗状，花梗粗壮，比苞片稍长，花被白色或淡红色，花被片椭圆形，瘦果近圆形，7～8 月开花，8～9 月结果。

（2）防治技术　在大豆播种前，每公顷用 48％广灭灵 600～750 mL＋90％禾耐斯 1.0～1.56 L＋88％卫农 1.5～2.0 L，兑水喷施。在大豆出苗后早期、杂草 2～4 叶期时，每公顷用 48％广灭灵 600～750 mL＋5％精禾草克 600 mL＋24％克阔乐 250 mL；或每公顷用 48％广灭灵 600～750 mL＋12.5％拿捕净 750～1 000 mL＋24％克阔乐 250 mL，兑水喷施茎叶。

19. 猪毛菜

（1）生物性状　一年生草本，高 20～100 cm；茎自基部分枝，枝互生，伸展，茎、枝绿色，有白色或紫红色条纹，生短硬毛或近于无毛。叶片丝状圆柱形，伸展或微弯曲，长 2～5 cm，宽 0.5～1.5 mm，生短硬毛，顶端有刺状尖，基部边缘膜质，稍扩展而下延。花序穗状，生枝条上部；苞片卵形，顶部延伸，有刺状尖，边缘膜质，背部有白色隆脊；小苞片狭披针形，顶端有刺状尖，苞片及小苞片与花序轴紧贴；花被片卵状披针形，膜质，顶端尖，果时变硬，自背面中上部生鸡冠状突起；花被片在突起以上部分，近革质，顶端为膜质，向中央折曲成平面，紧贴果实，有时在中央聚集成小圆锥体；花药长 1～1.5 mm；柱头丝状，长为花柱的 1.5～2倍。种子横生或斜生。花期 7～9 月，果期 9～10 月。

（2）防治技术　在大豆播种前 5～7 d，每公顷用 48％氟乐灵乳油 1.5～3 L；或每公顷用 96％精异丙甲草胺乳油 1.05～1.2 L进行土壤处理。

20. 藜

（1）生物性状　一年生草本，高 30～150 cm。全草黄绿色，茎具条棱，叶片皱缩破碎，完整者展平，呈菱状卵形至宽披针形，叶上表面黄绿色，下表面灰黄绿色，被粉粒，边缘具不整齐锯齿，叶柄长约 3 cm。圆锥花序腋生或顶生。

（2）防治技术　在大豆播种前 5～7 d，每公顷用 75％噻吩磺隆 22.5～30 g 或 70％嗪草酮可湿性粉剂 750～1 050 g，对土壤进行处理；大豆出苗后每公顷用 250 g/L 氟磺胺草醚 750～800 mL 或25％苯达松水剂 3 000～3 750 mL，兑水 450～750 kg 进行茎叶喷施。

21. 菟丝子

（1）生物性状　菟丝子茎线状，淡黄色或黄绿色，光滑无毛，作左旋缠绕；叶鳞片状，膜质；花黄白色，多数簇生在一起，较松散；花梗粗短或无；花萼 5 裂，基部相连，呈环状；花冠 5 裂，基部相连，杯状；雄蕊 5 枚，花柱 2 枚；蒴果扁球形，种子 2～4 粒近圆形，黄褐或黑褐色。

（2）防治技术　在菟丝子萌动、初芽期，每公顷用 45% 敌草隆可湿性粉剂 2 250 g；或在大豆出苗后，菟丝子侵染初期，每公顷用 48% 拉索乳油 3 750～4 500 mL，加水 450 kg 进行茎叶喷施。

22. 马齿苋

（1）生物性状　一年生草本，全株无毛。茎平卧，伏地铺散，枝淡绿色或带暗红色。叶互生，叶片扁平，肥厚，似马齿状，上面暗绿色，下面淡绿色或带暗红色；叶柄粗短。花无梗，午时盛开；苞片叶状；萼片绿色，盔形；花瓣黄色，倒卵形；雄蕊花药黄色；子房无毛。蒴果卵球形；种子细小，偏斜球形，黑褐色，有光泽。花期 5～8 月，果期 6～9 月。

（2）防治技术　在大豆 1～2 片复叶、杂草 2～5 叶期时，每公顷用 10% 乙羧氟草醚乳油 600～750 mL 或 20% 乙羧氟草醚乳油 300～375 mL，兑水茎叶喷雾即可。

23. 猪殃殃

（1）生物性状　多枝、蔓生或攀缘状草本，通常高 30～90 cm；茎有 4 棱角；棱上、叶缘、叶脉上均有倒生的小刺毛。叶纸质或近膜质，6～8 轮生，稀为 4～5 片，带状倒披针形或长圆状倒披针形，长 1～5.5 cm，宽 1～7 mm，顶端有针状，基部渐狭，两面常有紧贴的刺状毛，常萎软状，干时常卷缩，1 脉，近无柄。聚伞花序腋生或顶生，少至多花，花小，有纤细的花梗；花萼被钩毛，萼檐近截平；花冠黄绿色或白色，辐状，裂片长圆形，长不及 1 mm，镊合状排列；子房被毛，花柱 2 裂至中部，柱头头状。果干燥，有 1 个或 2 个近球状的分果爿，直径达 5.5 mm，肿胀，密被钩毛，

果柄直，长可达 2.5 cm，较粗，每一片有 1 颗平凸的种子。花期 3～7 月，果期 4～11 月

（2）防治技术　在大豆 1～3 片复叶、杂草 2～5 叶期时，每公顷用 25％灭·喹·氟磺胺微乳剂 1 500～1 800 g；或每公顷用 25％氟磺胺草醚水剂 1 020～1 980 mL，兑水 300～450 kg 均匀喷雾。

24. 繁缕

（1）生物性状　一年生或二年生草本，高 10～30 cm。茎俯仰或上升，基部少分枝，常带淡紫红色。叶片宽卵形或卵形，顶端渐尖或急尖，基部渐狭或近心形，全缘；基生叶具长柄，上部叶常无柄或具短柄。疏聚伞花序顶生；花梗细弱，蒴果卵形，稍长于宿存萼，顶端 6 裂，具多数种子；种子卵圆形至近圆形，稍扁，红褐色，直径 1～1.2 mm，表面具半球形瘤状凸起，脊较显著。花期 6～7 月，果期 7～8 月。

（2）防治技术　在大豆出苗前，每公顷用 70％嗪草酮可湿性粉剂 795～1 140 g；或每公顷用 50％的 2,4 - D 异辛酯乳油 1 140～1 350 mL，兑水 450～600 kg 进行土壤封闭。

25. 苘麻

（1）生物性状　一年生亚灌木草本，茎枝被柔毛。叶圆心形，边缘具细圆锯齿，两面均密被星状柔毛；叶柄被星状细柔毛；托叶早落。花单生于叶腋，花梗被柔毛；花萼杯状，裂片卵形；花黄色，花瓣倒卵形。蒴果半球形，种子肾形，褐色，被星状柔毛。花期 7～8 月。

（2）防治技术　在大豆播种前，每公顷用 48％异噁草松 800～1 050 g＋90％乙草胺 1 500～2 100 mL，进行土壤封闭；或在大豆 1～3 片复叶、杂草 2～5 叶期时，每公顷用 48％异噁草松 800～1 050 g＋12.5％烯禾啶 1 050 mL＋24％全盖 255 mL，或 48％异噁草松 800～1 050 g＋25％阔通 60 g＋12.5％烯禾啶 1 050 mL，兑水进行茎叶喷施。

26. 大蓟

（1）生物性状　多年生直立草本，根丛生，肉质。茎高 50～

100 cm，表面有纵沟纹，绿色，密被白色蛛丝状毛。叶互生，根出叶矩圆状披针形，长 10～50 cm，羽状深裂，边缘不整齐浅裂，齿端具不等长针刺，正面疏生长毛，背面白绿色，有白色丝状柔毛，茎生叶和基生叶相似，但无柄，基部心形抱茎。头状花序，顶生或腋生；总苞钟状，苞片多层，线形，无端刺状。管状花紫红色，裂片 5，较下面膨大部分为短，雄蕊 5。瘦果椭圆形，冠毛羽状。

（2）防治技术　在大豆播种前，每公顷用 48％异噁草松 2 000～2 550 mL 或 72％的 2,4 - D 丁酯 750 mL＋48％异噁草松 1 050 mL，兑水 300 kg 进行土壤封闭；或在大豆 1～2 片复叶、杂草 2～3 叶期时，每公顷用 48％异噁草松 1 050 mL＋25％氟磺胺草醚 1 050 mL＋1.0％的植物油型喷雾助剂药笑宝，兑水 450 kg 进行茎叶喷施。

27. 刺儿菜

（1）生物性状　多年生草本，地下部分常大于地上部分，有长根茎。茎直立，幼茎被白色蛛丝状毛，有棱，高 100～120 cm，基部直径 3～5 mm。有时可达 1 cm，上部有分枝，花序分枝无毛或有薄绒毛。叶互生，基生叶花时凋落，下部和中部叶椭圆形或椭圆状披针形，长 7～10 cm，宽 1.5～2.2 cm，表面绿色，背面淡绿色，两面有疏密不等的白色蛛丝状毛，顶端短尖或钝，基部狭窄或钝圆，近全缘或有疏锯齿，无叶柄。

（2）防治技术　在大豆播种前，每公顷用 48％异噁草松 1 950～2 550 mL 或 72％的 2,4 - D 丁酯 750 mL＋48％异噁草松 1 050 mL，兑水 300 kg 进行土壤封闭；或在大豆 1～2 片复叶、杂草 2～3 叶期时，每公顷用 48％异噁草松 1 050 mL＋15％精稳杀得 1 050 mL（或 5％精喹禾灵 1 050 mL）＋25％氟磺胺草醚 1 200 mL（或 48％苯达松 1 500 mL），兑水 450 kg 进行茎叶喷施。

28. 蒿

（1）生物性状　为一年生草本，高达 1.5 m，全株黄绿色，有臭气。茎直立呈圆柱形，多分枝，表面黄绿色或棕黄色，具纵棱线，质略硬，易折断，断面中部有髓；叶互生，暗绿色或棕绿色，卷缩易碎，完整者展平后为三回羽状深裂，裂片及小裂片矩圆形或长椭圆形，两面被短毛。气香特异，味微苦；茎基部及下部的叶在花期枯萎，中部叶卵形，二至三回羽状深裂，上面绿色，下面色较浅，两面被短微毛；上部叶小，常一次羽状细裂。头状花序极多数，球形，直径 1.5～2 mm，有短梗，下垂，总苞球形，苞片 2～3 层，无毛，小花均为管状，黄色，边缘雌性，中央两性，均能结实。瘦果椭圆形，长约 0.7 mm，无毛。花期 7～10 月，果期 9～11 月。

（2）防治技术　在大豆播种前，每公顷用 80％唑嘧磺草胺水分散粒剂 720～900 g，兑水 300 kg 进行土壤封闭；或在大豆 1～2 片复叶、杂草 2～5 叶期时，每公顷用 80％唑嘧磺草胺水分散粒剂 300～375 g，兑水 450 kg 进行茎叶喷施。

第六章　膜下滴灌大豆综合效益及前景

第一节　膜下滴灌大豆综合效益分析

一、膜下滴灌大豆栽培技术优势

1. 技术优势

（1）提高节水能力，省肥省人工，增加农民效益　膜下滴灌大豆栽培在实际应用过程中，其仅湿润作物根系发育区，属于一种局部灌溉，所以也不会出现深层渗漏或者是水平流失的情况，这样就能在很高程度上减少水分棵间蒸发，相比较于传统的大水漫灌而言，能够节水70%以上。这一技术会使用易溶肥料，随着水滴到地膜覆盖下的作物根系生长发育区，这个时候根系吸收也就会更加直接，从而有效减少肥料的挥发和流失，最大限度地实现省肥效果。膜下滴灌大豆栽培通常都不需要进行中耕，易溶性肥料、植物生长调节剂都可以随着水滴入，就能有效减少机耕作业次数，从而减少人工耕作次数，起到省工的目的。通过节省的水费、肥料费、劳力费等减去滴灌器材的投入，仅节支每亩地可增加经济效益200元。既降低灌溉成本，也减轻农民水肥负担，不仅增产，还增收。

（2）改良土壤，提高土地利用率　膜下滴灌大豆栽培在实际应用过程中，主要是采用浸润式灌溉。在这种灌溉方式过程中，土壤不会板结，团粒结构也不会受到破坏，从而有效实现改良土壤这一目的。

在此过程中，从水源出口的地下管道直至田间滴灌带，都会形成较为严密的地下灌溉网络，成片的土地也就不用再次进行修渠、打埂以及挖沟，可有效提高土地利用效率。

（3）提高机械化程度和人均管理定额　实现了大豆铺管、铺膜、精量播种一体机械作业有机结合，有效地减少撒肥和药物防治等多个重要的栽培管理环节。田间人均管理能力提高 4～5 倍，节省了劳力投入，降低了投入成本。

（4）有利于提高大豆品质　膜下滴灌大豆的外观品质、籽粒饱满度、养分结构等方面都比常规大田栽培有明显优势和提高，在籽粒大小及粒形方面则通过适宜的水肥调控得以改善，具有较好的加工品质，增加了农民收益。

（5）改变了传统大豆种植的弊端　长期以来，人们为了获取作物高产习惯大量施用氮、磷、钾等化学肥料以及大量喷施农药。由于寻常大田化肥利用率较低，未被大豆吸收利用的大量化肥沉积在土壤中，给环境造成很大污染。

膜下滴灌大豆栽培彻底改变了土壤状态，土壤的氧化还原电位和通透性显著提高，不仅有利于大豆根系生长发育，还有利于提高好氧微生物的活性，促进土壤有机质和氮、磷、钾等化学肥料的分解和养分吸收的有效性。膜下滴灌大豆栽培降低化肥污染主要表现在 3 个方面。一是通过滴灌随水施肥，水肥耦合机理使肥料利用率提高 10.4%，又可根据大豆不同生育期的需肥规律调整施肥量，降低化肥施用量，这将有利于从源头上降低化肥污染。二是膜下滴灌大豆全生育期不建立水层，化肥施入土壤耕作层后被大豆根系吸收，因水层不存在，将不易造成地下水污染。三是地膜覆盖使土壤温湿度适宜，通透性好，土壤微生物增加，活性增强，可加速对有机质分解和转化，从而提高肥料利用率，降低化肥对土壤的污染。

此外，膜下滴灌大豆栽培技术，不仅能较强地防止杂草和大豆病害的发生，还有降低农药污染的作用。因为地膜覆盖后，大豆地上部分失去了利于细菌和真菌生长和传播的高湿环境；再加上新疆气候干燥少雨，抑制了病害的发生与传播，农药用量降低。

（6）改变豆区环境，减少温室气体排放　膜下滴灌大豆栽培技术全生育期无水层，通过滴灌这种方式对水、肥等进行精确调控，使大豆处于最适宜的土壤环境和生长环境。膜下滴灌大豆栽培减少甲烷气体排放主要在 3 个方面。

一是膜下滴灌大豆栽培无水层存在将不会形成厌氧环境，使甲烷细菌没有滋生的环境，减少了大豆植株从土壤中吸收甲烷，同时也减少了水层冒泡和水体排放甲烷气体。通过天业农业研究所长期测定，膜下滴灌大豆与常规大豆栽培相比，可减少甲烷气体排放 70.6%。二是膜下滴灌大豆栽培改变了土壤的质地，通气性好，其氧化还原电位长期处于高位水平，很难产生甲烷气体。三是膜下滴灌大豆栽培生育期需水、需肥量可控可调，能有效地在甲烷排放高峰期进行水肥调控，减少水肥投入 20.5% 左右，进而有效地减少甲烷排放量。

（7）促进农业产业结构调整和保证粮食安全　滴灌技术的应用，减少灾害性天气对大豆生产的影响并降低大豆生产对水资源的要求；滴灌大豆通过调整产量构成因素，比常规大田增产约 10%；滴灌大豆还有利于我国农业产业结构的调整，促进粮食生产持续健康发展，为保障国家的粮食安全提供了一条新的解决途径。

2. 膜下滴灌大豆发展展望　滴灌是当前世界上最先进的微灌技术之一，把工程节水和农艺措施进行有机结合，是缺水地区一种有效利用水资源的灌水方式。它不同于传统的地面灌溉湿润全部土壤，而是一种精确控制水量的局部灌溉，使水均匀地分配给田间作物，减少地面径流，有效杜绝水向土壤深层渗漏进而达到节水的目的。其人工操作简便，可控性强，有利于作物高产稳产和提高经济效益。改变以漫灌为主的大豆栽培技术已成为我国农业持续发展的重大战略任务之一，膜下滴灌大豆栽培技术充分展示了滴灌技术的优势，改良了大豆传统生产方式，大大提高大豆的水分利用率，减少了化肥、农药和温室气体等对环境的污染，有利于实现大豆"节水、高产、高效、优质、绿色和安全"生产。膜下滴灌大豆栽培技术有利于扩大大豆种植区域，减少大豆遇旱减产减收的可能性，增强抗御自然灾害的能力；有利于轮作倒茬，调整农业产业结构，保障农民收入，促进粮食生产持续健康发展，确保我国粮食安全，对节约淡水资源、保护生态环境和保障国家粮食安全都具有极大现实和战略意义。

二、膜下滴灌大豆栽培增产因素

1. 滴灌对根系生长发育的影响 根系是水和养分的吸收器官，不同土壤含水量、土壤温度和土壤通气状况，将形成不同的根系发育状况和衰老过程，影响大豆根系和茎叶功能的强弱及其大豆产量形成。滴灌可改善大豆田水、热、气、肥状况，为大豆生长提供一个良好的生态环境。淹水灌溉下，土壤含水量高，会造成土壤少氧、缺氧，影响根系生长。滴灌增加了土壤的通气性，还原物质毒害减轻，促进根系生长，使大豆根系数量和质量有所改善。研究表明，节水灌溉下，根系数量特别是白根数明显增多，根毛多，根系干重增加，根系下扎，扩大了根系吸水、吸肥区间，提高了根系活力，能为大豆生长发育吸收更多的水分和养分，具有明显的丰产优势。根系不仅是水和养分的吸收器官，而且是合成许多有机化合物的重要器官。膜下滴灌条件下大豆根系具有良好的发育过程，并与地上部生长相协调。节水灌溉下大豆生长前期，根系生长到最高峰，有利于根系对水肥的吸收，从而促进了壮秆的形成，开花期，植株新陈代谢旺盛，需要较多的水分，而此时的根系活力强，能保证大豆生长和养分的供应，结荚期后节水灌溉下的伤流强度显著高于淹水灌溉。

2. 灌溉对茎秆的影响 节水灌溉条件下，有利于大豆形成合理的高产群体。许多研究认为，在稳定有效荚的基础上，控制无效荚数量，提高结荚率，可改善中后期群体的光照条件，促进上部高效叶生长，增加中后期群体的光合强度，有利于光合产物的积累和运转。在滴灌条件下，豆秆中通气组织削弱，而输导组织和储藏组织增加，豆茎中柱内皮层、大小导管数目和直径均增加，缩短了茎基部节间长度，株高降低，从而增加了植株的抗倒伏能力。而更重要的是，由于适当降低株高，导致收获指数上升，从而显著提高大豆单产。

3. 节水灌溉对大豆光合生产力的影响　叶片是大豆进行光合作用的主要器官，大豆籽粒灌浆的 70％～80％ 的物质来自花后叶片光合作用，所以豆叶的良好发育和衰老的合理延缓，是大豆高产的关键。在节水灌溉下，大豆叶面积指数在形成产量构成因素指标的关键时期维持在 5.0 左右，而 5.0 是大豆光合作用最适宜的叶面积指数。节水灌溉下叶片挺立，冠层分布均匀，透光率和光合作用面积增加，提高了光能的利用率。同时，节水灌溉能明显降低属于后期叶绿素的降解，使功能叶在生育后期仍维持较高的光和效率，有利于干物质的积累和转运。

4. 节水灌溉对大豆产量和产量形成的影响　节水灌溉对大豆根茎叶所产生的各种影响，最终体现在对大豆产量的影响上。关于节水灌溉下产量表现已有一些研究。节水灌溉有利于大豆产量构成因素的形成是其增产的主要原因之一，节水灌溉促进大豆有效分蘖的物质生产，单位面积有效荚多，形成合理的高产群体。控制无效荚，使得大豆光合产物用于荚生长，荚多，增大了大豆的"库"容。滴灌有利于大豆生育后期根系活力的维持和保证了营养物质对地上部供应，从而防止叶早衰，保证各种生理机能，特别是光合作用和物质运转的顺利进行，使大豆功能叶在生育后期维持较高的光合效率，确保大豆具有充足的"源"，有利于豆粒充实，千粒重提高。因此，与淹水灌溉相比，一般节水灌溉能增产 5％～10％。

5. 膜下滴灌对土壤养分吸收的影响　土壤水分对大豆生长发育调控的实质是水肥结合。土壤养分的运输、吸收及其利用因土壤水分而变化。滴灌提高了土壤氧化还原电位，有利土壤微生物活动，促进有机物质分解和养分的释放，根系吸水、吸肥作用更为有效。同时，滴灌条件下土壤昼夜温差增大，这种增温效应有利于干物质的积累和增产。由于滴灌有利于根系生长，使得根系吸收能力和吸收范围优于淹水灌溉，保证了根系有较强的活力和旺盛的吸收功能，豆田肥料利用率相应提高。膜下滴灌对氮肥的挥发、淋失和反硝化作用有抑制作用，氮肥的利用率在节水灌溉下可显著提高，而且促进氮素由营养器官向荚的运转。节水灌溉对磷素营养的协调和供应有一定的抑制作用。由于节水灌溉下氧气和氧化还原电位较高，土壤中存在的金属离子与土壤中速效磷反应，形成溶解度低的化合物，影响磷的有效性。节水灌溉可提高土壤中的速效钾含量，有利大豆对钾素的吸收，改善钾素营养，同时改善了茎秆形态和物理性状，提高了大豆抗逆性。大豆节水栽培通过对水分的调控同时也实现了对养分的调控，为大豆生长奠定了良好的基础。

除上述滴灌优势外，膜下滴灌更是发挥了滴灌与地膜有机结合的作用，地膜覆盖可除草、保温、保湿。因而，膜下滴灌条件下栽培大豆有很大增产空间。

三、新疆天业（集团）有限公司为膜下滴灌大豆栽培搭建了平台

作为膜下滴灌技术的发源地，近年来，新疆天业（集团）有限公司不断探索和大力推广节水灌溉技术，尤其是以膜下滴灌技术为平台，配套集成灌溉、农业机械、耕作栽培和田间管理技术措施，推动了垦区农业生产力的重大变革和生产水平的大幅提升，朝着高产、高效、优质、生态、安全的现代农业和可持续方向发展，为垦区建设高新节水产业化基地打下坚实的基础。

1. 新疆生产建设兵团发展节水灌溉的背景　新疆生产建设兵团的农业节水灌溉经历了从大水漫灌到沟畦灌、从沟畦灌到喷灌、再从喷灌到膜下滴灌 3 个阶段，逐渐走出了一条借鉴和创新相结合的农业节水灌溉发展之路。

1996—2010 年，农八师石河子市大田作物滴灌经历了试验示范、推广到产量效益大幅度提高 3 个阶段。在农八师石河子市政府的支持下，1996—1998 年通过大田试验得出膜下滴灌效果最优、增产明显，但投入成本高，影响了节水滴灌的推广；1998—2005年，天业公司不断通过自行研制，有效降低了滴灌成本，解决了大田作物膜下滴灌技术的硬件，为推广奠定了基础。自 2005 年起，

农八师又从滴灌技术的软件下手，研究制定了《棉花膜下滴灌栽培模式》《滴灌运行操作管理办法》《膜下滴灌系统设计标准及要求》，棉花获得了高产，从而为大面积推广奠定了基础。

国家和新疆生产建设兵团高度重视节水灌溉的发展。2000 年，兵团党委将节水灌溉技术的推广应用列为实施西部大开发的重中之重项目。2002 年 4 月，时任国务院研究室陈文玲副司长曾专程来新疆石河子调研节水灌溉。2002 年 8 月，国家经济贸易委员会、水利部和农业部在新疆石河子市联合召开"全国节水滴灌技术应用现场会"。2010 年，国家发展和改革委员会、水利部、农业部专程来农八师调研节水灌溉。

2004 年，农八师与新疆生产建设兵团多部门联合申报的"干旱区棉花膜下滴灌综合配套技术研究与示范"获得国家科学技术进步奖二等奖；2009 年，新疆天业（集团）有限公司申报的"西部干旱地区节水技术及产品与推广"获得国家科学技术进步奖二等奖；2011 年，天业节水公司申报的"节水滴灌技术创新工程"获得国家企业创新奖（国家科学技术进步奖二等奖）。

2. 兵团节水灌溉的发展现状　"全国节水看兵团，兵团节水看八师，八师节水看天业。"截至 2019 年末，新疆生产建设兵团高新节水灌溉面积超计 1 100 万亩，占兵团有效灌溉面积的 65%，田间节水率达 25%，作物平均增产 25% 以上。截至 2019 年，农八师高新节水滴灌面积已发展到 242 万亩，共建设系统首部 3 736 套，90% 以上的耕地实现了滴灌，在城市绿化、设施农业、林果大田经济作物和大田粮食作物上全面推广。多项技术经济指标名列全国之首、世界领先地位，多种作物滴灌单产和大面积高产纪录保持全国第一。2009 年，农八师 149 团膜下滴灌棉花籽棉最高单产714.5 kg；2009 年，农八师 148 团滴灌小麦最高单产 806 kg；2011 年，新疆天业（集团）有限公司首创的膜下滴灌大豆 20 亩平均单产达到 728.9 kg。

新疆天业（集团）有限公司是农八师的龙头企业，作为国内最大的节水滴灌器材研发、生产和服务基地，通过引进、吸收和创新，建立了世界上规模最大、最先进的节水设备生产企业，实现了所有成型设备和工艺技术的国产化，年生产能力可配套 1 000 万亩的节水器材，自主创新了 60 多项专利、4 项国家标准和 1 项行业标准，成为中国节水灌溉行业的领军企业。

四、膜下滴灌的经济效益

1. 滴灌用水最省 滴灌仅湿润作物根系发育区，属局部灌溉。由于滴水强度小于土壤的入渗速度，因而不会形成径流使土壤板结；膜下滴灌滴水量很少，且能够使土壤中有限的水分循环于土壤与地膜之间，减少作物棵间水分蒸发；覆盖地膜还能将较小的无效降水变成有效降水，提高自然降水的利用率。据测试，膜下滴灌平均用水量是传统灌溉方式的 12%，是喷灌的 50%，是一般滴灌的 70%。

2. 肥料利用率提高 滴灌时，水滴将易溶肥料溶解到作物根系土壤中，使肥料利用率大大提高。据测试，膜下滴灌可使肥料的利用率由 30%～40%提高到 50%～60%。

3. 增产效果明显 膜下滴灌能适时适量地向作物根区供水供肥，调节棵间的温度和湿度；昼夜温差变化时，膜内结露，能改善作物生长的微气候环境。为作物生长提供良好的条件，增产效果明显。

4. 投工费用低 采用膜下滴灌，由于植物行间无灌溉水分，因而杂草比全面积灌溉的土壤少，可减少除草投工。滴水灌溉土壤不板结。可减少锄地次数，滴灌系统又不需平整土地和开沟打畦。可实现自动控制，这就大大降低了田间灌水的劳动量和劳动强度。据调查，滴灌可比大水漫灌每亩省工 10 个左右。

5. 提高经济效益，降低灌溉成本 膜下滴灌可大幅度增加经济效益。从灌溉成本上看，一般情况下，用柴油机抽水沟灌公顷耕地需 3 个人工、36 h、300 元的柴油。用柴油机抽水喷灌公顷耕地需 2 个人工、24 h、200 元的柴油，而用电力滴灌仅需 1 个人工、

3 h、45 元的电费。通过对比，滴水灌溉大大降低了灌溉成本。

6. 减少病虫害发生　膜下滴灌不破坏土壤结构，不易造成土壤板结，能改善土壤物理性状，提高地温，灭草，阻断病虫害传播途径，减少病虫害的蔓延。与漫灌等集中供水方式相比，地温变化幅度小，作物不易烂根，并能延长倒茬周期。

7. 防旱、抗旱作用显著　在我国西北部干旱地区，地表水径流量年分配不均，往往造成局部旱情，极大影响当地农作物的产量，使用以地下水为水源的滴灌可明显减轻旱情，保证作物丰收。

五、膜下滴灌的社会效益

膜下滴灌可以大幅度地增加当地群众的经济收入，从根本上解决制约该项目区农业发展的难题，彻底改变靠天吃饭的局面，工程的建成加强了农业基础设施建设，使广大农民群众更进一步认识到科学技术的重要性，起到了一定的科技带头示范作用。

1. 改变了农业生产方式　一是改变了传统的农田水利建设方式，提高土地利用率。田间的水渠、农渠、毛渠等明渠被地下输水管道和滴灌系统所替代，田埂、田垄和沟畦变得一马平川。从水源口的地下管道一直到田间的滴灌带，形成了密布的灌溉网络，土地利用率平均提高了 5%～7%。

二是改变了传统的劳作方式，大幅度降低了耕作成本，提高了劳动生产率。以前在大棚内浇菜必须有专人看管，棚内又湿又热谁也不愿干；实行膜下滴灌后，浇水时变成"推闸放水拧龙头"。因此，节省了大量劳动力，提高了劳动效率。

三是改变了传统的农业组织形式，出现了一批菜农、果农。传统生产方式的改进、劳动生产率的提高，必然带来农业的体制创新和组织创新，为社会主义新农村建设作出巨大的贡献。

2. 改变了传统种植方式，调整了农业产业结构　加入 WTO后，我国农业受到很大冲击，传统农业只有进行结构调整，才能适应发展要求。发展膜下滴灌技术，从近期看，一是缓解了农业用水的供需矛盾；二是解决了近年来农民收入下降的问题，为实现高效农业探索了一条新路；三是稳定了农村。从长远看，促进传统农业转向现代农业，从粗放型农业转向集约型农业，实现了农业的可持续发展。

六、膜下滴灌的生态效益

1. 防沙治沙　高效节水灌溉工程可以根据土壤质地的轻重和透水性强弱来调整灌溉水量的大小，减少了对土壤的冲刷，对防沙治沙、保持水土起到了一定作用。

2. 调节气候　高效节水灌溉工程可以调节田间气候，增加近地表层的空气温度，在高温季节可以起到降温作用，在寒冷时，可以防霜冻，为农作物创造良好的生长环境。

3. 保护水资源　实施高效节水灌溉工程可以节约大量水资源，促进水资源可持续发展利用，并对节水灌溉工程发展起到示范作用。

七、膜下滴灌大豆栽培综合效益分析

膜下滴灌技术，改浇地为浇作物，具有节水、节肥、节地、省工、省机力、提高劳动生产率及增产、增收等特点。膜下滴灌也不单纯是一个节水措施，它实际上是一个系统，既能精确灌溉，又能精准施肥、精准用药，真正做到了节水、省肥、精确用药，明显提高了经济效益。该项技术更适合于我国西部干旱缺水地区。

用滴灌方式种植大豆，是把工程节水、生物节水和农艺节水融为一体，把多项现代化的农业技术措施进行组装配套，改变过去用地面水层漫灌等方式，而以塑料（PVC）干管、支管、毛管管网输水代替地面灌的干、支、斗、农、毛渠，用浸润灌溉方式代替漫灌，用根际局部灌溉方式代替对土壤的全面灌溉，用浇作物代替浇地的做法。这种微灌技术不仅具有明显的节水、高产和高效功能，而且提高了土地和水肥利用效率，为大豆植株增产实行技术调控带来了方便，有利于抵抗自然灾害，简化了机械作业，节省了人力，减轻了劳动强度，提高了劳动生产率，引发了小麦播种、施肥、田间管理以及收获多项措施的变革，取得了广泛的生态效益和社会效益。

目前，全国的大豆生产主要以直播生产方式为主，滴灌大豆还处于推广前期阶段。膜下滴灌方式种植大豆，相比较直播栽培模式，在生产投入、产出方面有较大差异，具体见表 6 - 1。

表 6 - 1　膜下滴灌大豆与直播田种植方式投入对比 （元/亩）

费用名称	膜下滴灌	直播
滴灌系统折旧年均（共 20 年）	井水 34.83 河水 39.45	0
土地整理（平地、渠、埂）	0	150
地膜	50	0
滴灌带（以旧换新）	80	0
地面支管折旧年均（共 5 年）	17	0
种子	54	150
除草剂、农药	30	65
肥料	160	230
机力费（犁、播、耙、耕）	110	150
人工（田间管理）	50	150
水费	30	60
电费	39.5	20
收获	70	90
农资拉运及损耗	20	20
合计	井水 745.33 河水 749.95	1 085

注：按产量 400 kg/亩计算，各地水、电、土地利用费不一，区别核算。

不同农业生产地区由于地域差异等因素，膜下滴灌大豆种植收益情况也各不同，以新疆昌吉地区为例分析，见表6-2。

表6-2　昌吉膜下滴灌大豆效益分析

名称	规格	用量	单价（元）	成本（元/亩）
滴灌带	1.8 L/h 流量	750 m/亩	0.1	75
种子	蒙豆32	6 kg/亩	20.0	120
化肥	有机肥＋钾肥＋尿素	（130＋20＋50）kg/亩		300
地膜	1.6 m 宽	4.5 kg/亩	12.0	54
人工				100
机械	犁、耙、播			90
除草剂		150 kg/亩	0.3	45
水、电				140
收割				65
成本合计				989
亩收益				661

在昌吉传统漫灌田平均产量为 170 kg/亩，需水量 1 000 m³/亩，每亩投入成本在 1 000 元以上。综合比较可得出结论：膜下滴灌大豆无论在成本、产值比还是实际收益方面都较传统漫灌田具备优势，见表6-3。通过膜下滴灌大豆与传统漫灌田效益对比可发现，除前期投资成本膜下滴灌比漫灌高 5.8％外，其他效益指标都优于传统栽培。膜下滴灌大豆比常规田平均亩产和产值高 10％ 左右，而耗水量比常规田减少 60％ 左右。

表6-3　昌吉滴灌大豆与常规大豆效益对比

名称	常规漫灌	膜下滴灌	增减幅（％）
成本（元/亩）	1 050.00	989.00	－5.8
单产（kg/亩）	170.00	200.00	17.6
产值（元/亩）	1 000.00	1 150.00	10.0

（续）

名称	常规漫灌	膜下滴灌	增减幅（%）
耗水量（m³/亩）	1 000.00	400.00	−60.0
产出比	1.43	1.67	16.8
水产比	0.25	0.79	216.0

通过膜下滴灌大豆栽培技术的运用，可实现节水 60％以上，提高土地利用率 10％；综合节省的水费、劳力费及减去地表滴灌器材的投入，每亩可增加经济效益 160 元以上。膜下滴灌大豆机械化栽培，既降低了灌溉成本，也减轻农民负担，不但增产还增收，同时摆脱了过去深水漫灌对大豆生产带来的弊端，如倒伏、病害、早衰和劳动强度大等限制大豆产业发展的制约因素。

第二节　沙质荒漠膜下滴灌大豆栽培技术优势

沙质荒漠气候干燥，雨量稀少，年降水量在 250 毫米以下，沙漠地区的蒸发量很大，远远超过当地的降水量，空气的湿度偏低。沙质荒漠化造成了土地无法耕种利用，使土地不被沙质荒漠化甚而逆转可使用是一项深入的可探讨议题。造成沙质荒漠化主因是自然的干燥因素和本可储水的土地经过气候变迁或人为过度的畜牧与耕种不存水、不耐风寒作物造成沙质荒漠化。

沙质荒漠化是我国干旱半干旱地区特定自然环境下产生的地质灾害。它所造成的危害涉及多方面，但就实质而言，主要是降低土壤肥力，使人类丧失赖以生存的土地资源。沙质荒漠化的危害主要是破坏土地资源，它使可供农牧业生产的土地面积减少。沙质荒漠化使耕层内的细粒物质损失 10％～30％，造成地表颗粒变粗、沙丘堆积，可利用的土地资源减少。沙质荒漠化不仅使可利用的土地面积减小，而且还造成土地质量逐渐下降。由于风蚀的影响，耕地表层有机质和养分被吹蚀，土壤肥力变差，进而导致单面积产量下降。可见，沙质荒漠化的实质是土壤风蚀，它从根本上毁损土壤肥力，使土地退化。由于沙质荒漠化，使干旱半干旱甚至部分半湿润地区，在大风天气状况下出现土壤吹蚀、流沙前移、粉尘吹扬等沙尘暴过程，是严重威胁我国北方地区人民生产、生活的环境问题。

防治沙质荒漠化的根本途径在于保护天然植被、建立人工植被，加强人工草场生态系统的建设，合理开发利用水资源。新疆具有得天独厚的水土光热资源。日照时间长，积温多，昼夜温差大，无霜期长，年太阳能辐射量仅次于西藏。广阔而平坦的肥田沃土，较为稳定的水利资源，较高水平的农业机械化作业，较发达的灌溉农业等，十分有利于农作物的生长。新疆是全国的大豆高产优质产区，近几年结合滴灌技术在大豆栽培中的应用，不断产生了全国大豆单产的新高产纪录，但由于大豆种植经济效益相对较低，种植面积较小。石河子有"戈壁明珠"之称，垦区地处天山北麓中段，古尔班通古特大沙漠南缘，多数农牧团场都与沙漠接壤，拥有大量的沙质荒漠化土地，可以在不减少其他作物种植面积的前提下，利用这些沙质荒漠化土地进行大豆种植，进而将其推广至全兵团乃至全自治区，使新疆成为我国新的大豆主产区，有利于解决我国大豆的缺口问题。经过近几年的研究，大豆膜下滴灌丰产栽培在非沙化土地上取得了不错的成绩，但在沙质荒漠上种植大豆的相关文献相对较少，2001 年赵井丰等曾报道黑龙江省二九〇农场在合理轮作条件下，打破常规栽培和管理模式，应用适宜的高产优质新品种北丰11 号，同时加强病虫害的防治，并大力发展小型喷灌进行节水灌溉，大豆公顷产量可达 3 000 kg（亩产 200 kg）以上。为了进一步提高大豆在沙质荒漠化土壤中的膜下滴灌栽培技术，近几年作者对沙质荒漠化土壤中的大豆膜下滴灌栽培技术进行了一系列的初步研究及探索。发现在同等管理水平条件下，沙质荒漠化土壤（沙土）的产量始终优于普通壤土（壤土）。为了进一步探索沙土获得高产的原因，在 2013 年对两种不同土壤条件的土壤水分及地温进行了一定时间的监测。

该测定试验在天业农业研究所院内精密地进行，该精密地是于2000 年研究所成立之初人造的，每个精密试验地面积为（15 m×5 m）75 m²，将1.5 m 深的普通土壤取出后四周用砖及防渗膜处理，其中沙土是用来自于古尔班通古特沙漠边缘的一五〇团的纯沙填满，壤土则是用原土进行回填。

1. 土壤基础条件 在 2012 年初对两种土壤进行了取样分析，其分析结果见表 6 - 4。

表 6 - 4 土壤取样分析结果

土壤类型	碱解氮 (mg/kg)	全氮 (%)	速效磷 (mg/kg)	全磷 (%)	速效钾 (mg/kg)	有机质 (%)
沙土	9.746	0.16	4.799	0.35	140.665	0.45
壤土	59.866	0.24	100.202	1.42	694.478	4.41

2. 大豆品种 2012 年选用的品种龙选 1 号属亚有限型品种，主茎结荚、无分枝，单荚平均粒数 3 粒，百粒重 20 g，生育期115 d。

3. 栽培管理措施 2012 年两种土壤条件下采取的田间管理措施相同：4 月 9 日进行人工铺膜，播种。采用的播种模式为三膜六管十二行，其中膜宽 145 cm，行距为（30＋60＋30）＋60 cm，株距为 9 cm。全生育期共浇水 10 次（不含出苗水），共浇水约340 mm；施肥 5 次，共施入自制液体肥约 75 kg/亩。

4. 结果分析

（1）不同土壤条件下根层地温的变化规律 在生育期内，对两种土壤的 0～25 cm 地温进行一定时间的定点定时监测，其测定结果见图 6 - 1。

从图 6 - 1 可以看出，两种土壤条件下的地温受浇水影响均出现有规律的下降后回升的变化趋势，但沙土地的地温在多数时间均比普通壤土的地温高，但高出的幅度不大，平均仅高出 0.5～1 ℃，这表明，沙土受浇水的影响变化趋势相对较小。

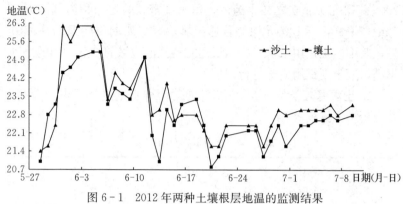

图6-1　2012年两种土壤根层地温的监测结果

（2）不同土壤条件下土壤水分的变化规律　在生育期内，对两种土壤的水分含量进行一定时间的定点定时监测，测定结果见图6-2。

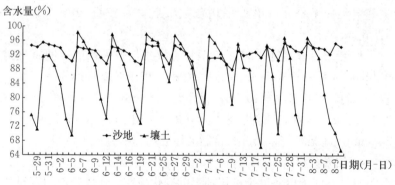

图6-2　2012年两种土壤含水量的监测结果

从图6-2可以看出，沙土地的土壤含水量在整个生育期均维持在一个相对稳定的范围内，受到浇水影响的变化幅度很小，仅在7月初出现过一次大幅度下降，这与此时期浇水间隔时间（平时是间隔7d浇1次水，这一次浇水间隔为9d）有关；壤土地的土壤含水量均是浇水第2d测定的数值为最高，然后呈下降趋势，在浇水当天（先测定数据再开始浇水）达到最低值，变化幅度较大，在两次浇水之间的土壤含水量最大值与最小值之间的差异在8～10个百分点。这表明，沙土在覆膜栽培后由于减少了水分向空气中的蒸腾，更利于水分的保持，使水分长时间保持在一个较稳定的数值范围。有资料显示：开花—鼓粒期的土壤水分必须充足，0～50 cm土层的土壤湿度以占田间持水量的75％～100％为宜。因此，沙土的土壤水分变化更利于植株的生长。

（3）不同土壤条件下大豆产量及产量构成　在收获前对各处理进行一次考种，结果见表6-5。可以看出，两种土壤条件下的单株荚数与单荚粒数的结果区别不显著，沙土地的株高、底荚高度及百粒重均高于壤土地，且两种土壤条件下的差异较大，其株高、底荚高度、百粒重的差异分别达到了18.5 cm、8.9 cm、4.10 g，说明沙土地由于土壤水分长期处在一个较稳定的数值范围内，更有利于大豆植株的生长及鼓粒。

表6-5　大豆产量及产量构成

土壤类型	株高 (cm)	底荚高 (cm)	单株饱荚 (个)	单荚粒数 (粒)	百粒重 (g)	产量 (kg/亩)
沙土	91.7	19.8	48.4	3.04	21.87	310.36
壤土	73.2	10.9	48.1	2.92	17.77	240.90

5. 小结　通过一年的数据分析，在膜下滴灌栽培条件下，合理的浇水间隔时间使沙土地的土壤水分长期处在一个较稳定的数值范围内，加之沙土地的地温受到浇水的影响较小，更利于大豆获得高产。综上所述，沙质荒漠土壤种植膜下滴灌大豆的技术优势有以下几点。

（1）节水、节肥、省工　膜下滴灌大豆技术在实际应用过程中，其仅湿润作物根系发育区，属于一种局部灌溉，所以也不会出现深层渗漏或者是水平流失的情况，这样就能在很大程度上减少水分棵间蒸发。相比较于传统的大水漫灌而言，这一技术在使用过程中能够节水达到70％以上。膜下滴灌大豆技术在实际应用过程中，会使用到易溶肥料，随着水滴到地膜覆盖下的作物根系生长发育区，这个时候根系吸收也就会更加直接，从而就能有效减少肥料的挥发和流失，最大限度实现省肥这一效果。膜下滴灌大豆技术在实际应用过程中，通常都不需要进行中耕，易溶性肥料、植物生长调节剂都可以随着水滴入，能有效减少机耕作业次数，从而就能减少人工耕作次数，起到省工的目的。

（2）改良土壤、提高土地利用率 膜下滴灌技术在实际应用过程中，主要是采用浸润式灌溉。在这种灌溉方式过程中，土壤就不会板结，团粒结构也不会受到破坏，从而就能有效实现改良土壤这一目的。膜下滴灌技术在实际应用过程中，从水源出口的地下管道直至田间滴灌带，都会形成较为严密的地下灌溉网络，这个时候成片的土地也就不用再次进行修渠、打埂以及挖沟，能有效提高土地利用效率。

（3）改变了传统大豆种植的弊端 长期以来，人们为了获取作物高产习惯大量使用氮、磷、钾等化学肥料以及大量喷施农药。由于淹灌水田化肥利用率较低，未被大豆吸收利用的大量化肥沉积在土壤中，给环境造成很大污染。膜下滴灌大豆栽培不仅有利于大豆根系的生长发育，还有利于提高好氧微生物活性，促进土壤有机质和氮、磷、钾等化学肥料的分解和养分吸收的有效性。此外，膜下滴灌大豆栽培技术，不仅能较强地防止杂草和大豆病害的发生，还有降低农药污染的作用。因为地膜覆盖后，大豆地上部分失去了湿润环境，真菌细菌的生长和传播失去了适宜的环境；再加上荒漠气候干燥少雨，抑制了病害的发生与传播，农药用量降低。

第三节　膜下滴灌大豆栽培推广区域适应性及前景

地膜覆盖栽培广泛用于蔬菜及经济作物，鉴于地膜覆盖对作物的增产作用，在 2000 年，辽宁省风沙地改良利用研究所的颜景波与辽宁省阜新市高等专科学校的董艳双进行了大豆地膜覆盖栽培试验研究。试验地前茬为花生，土壤肥力较低，沙壤土。试验设地膜

覆盖和裸地 2 个处理。以裸地栽培为对照。供试大豆品种为 98 -
13。小区面积 22 m²、重复 2 次。大豆种植的行距为 50 cm，株距
为 30 cm，于 4 月 24 日人工开沟播种，每穴下种 3～5 粒、出苗后
间苗留双株，保苗 8 888 株/亩。未施农肥，亩施多元素螯合肥
15 kg 作为底肥，苗期追施尿素 10 kg，人工开沟播种后将两垄合
后成一畦、用钉耙将畦中间隆起两侧低的形状，并在畦两侧各开一
条深约 10 cm 的沟，将膜两边埋入沟内压实，膜与畦面要贴紧、并
在膜上每隔 2～3 m 压一锹土防止大风揭膜。在大豆出苗期，每天
9:00～10:00 进行手指抠膜引出苗，同时在苗的根际埋土防止向膜
内进风影响覆盖效果。田间管理地膜覆盖为免耕法，裸地与常规栽
培法相同。

　　结果表明，地膜覆盖栽培有提高土温、蓄水保墒，促进大豆植
株健康发育等显著作用；试验小区的大豆产量比裸地增产 30%，
增产效果达极显著，试验结果如下。

1. 地膜覆盖对土壤温度的影响　从播种后和出苗后两个时期
的土温观测结果（表 6 - 6），地膜覆盖比裸地增温 2 ℃左右。由于
土温的升高促进了种子萌发，地膜覆盖处理比裸地提早出苗 2 d。

表 6 - 6　覆膜处理土壤温度观测结果

观测日期	处理	0～10 cm 土层 土温（℃）	10～20 cm 土层 土温（℃）
4 月 25～29 日	裸地	15.1	12.4
5 d 平均值	覆膜	17.3	14.5
5 月 5～13 日	裸地	17.2	14.9
5 d 平均值	覆膜	19.3	17.7

2. 地膜覆盖对土壤含水量的影响　土壤含水量测定结果
（表 6 - 7），由于 2000 年持续干旱，从不同时期测定结果看，地膜覆
盖均比裸地土壤含水量多 30% 左右。说明地膜覆盖在干旱条件下蓄
水保墒的效果更显著。因而，覆膜处理的大豆生育繁茂，7 月 3 日测
定叶面积系数，地膜覆盖为 2.29，裸地为 0.67，两者相差很大。

表6-7　覆膜处理土壤含水量的测定结果

测定日期	处理	0~10 cm 土层土壤含水量（%）	10~20 cm 土层土壤含水量（%）
5月9日	裸地	2.0	13.0
	覆膜	11.8	15.4
6月10日	裸地	6.8	10.0
	覆膜	10.5	12.9
7月23日	裸地	7.3	6.1
	覆膜	8.3	11.6

另外，从6月3日两种处理的土壤容重及孔隙度测定的结果看，10~20 cm 土层裸地容重 13.0 g/m³，孔隙度 54.0%；地膜覆盖容重 13.5 g/m³，孔隙度 49.1%，表明两种处理的土壤容重和孔隙度差异不明显，均在大豆根系生长的适合范围。

3. 覆膜处理对大豆农艺性状的影响　地膜覆盖处理比裸地株高增加 10 cm，主茎节数多 2 个，分枝多 1.3 个，单株结荚数多 21.5 个，单株粒重多 2.6 g，百粒重增加 0.1 g，小区产量增加 1.5 kg，增产率达 30%。

综上所述，2000 年阜新市遭到多年未遇的特殊干旱。在大豆全生育期的水分状况一直处于恶劣的条件下，地膜覆盖能提高产量的主要原因是覆膜能增温保水，改善土壤的微环境，促进了植株的健康发育。大豆地膜覆盖栽培除了有增温、蓄水保墒的作用外，还有防除杂草减少耕作次数的效果。上述试验采用播种后人工作畦覆膜，因而在大豆出苗期要及时抠膜引苗埋土。否则豆苗在膜内时间长易被膜内高温灼伤影响发育。若采用机械先覆膜人工打孔播种法，可省去抠膜引苗埋土作业。

地膜覆盖栽培在我国已有 30 余年的历史，地膜覆盖对作物的有益效应包括提早成熟期、保墒、增温、抑盐、增产和减少病虫害等功效。在西北干旱地区得到大面积推广应用，仅新疆地膜覆盖栽培面积就达到 66 万 hm²。

滴灌是一种最节水的灌水技术，而且有利于作物产量和水分利用率的提高。Ayars 等（1998）通过对美国水管理研究所进行的番茄、棉花和甜玉米等作物多年地下滴灌的研究总结表明，地下滴灌可以显著地提高作物产量和水分利用率，高频度的灌溉还可以减少深层渗漏量。Yohannes 和 Tadesse（1998）的研究结果表明，滴灌番茄的产量和水分利用率均比沟灌高，果实的大小和植株高度也有相同趋势。在我国，滴灌在果树和设施农业的灌溉中得到了较多应用。但一般认为滴灌不适于在大田应用，这主要是由于滴灌的投资和运行费用相对于地面灌溉高，而且大田滴灌的毛管布置和移动都比较困难。1996—1998 年，随着低成本滴灌带的开发成功，新疆天业（集团）有限公司在棉花和加工番茄地膜覆盖栽培的基础上运用膜下滴灌，不仅节水，而且取得了良好的经济效益。膜下滴灌是将先进的覆膜种植技术与滴灌技术相结合的产物，初步的研究和示范推广显示，膜下滴灌技术具有明显的节水增产作用。

新疆地处欧亚大陆腹地中亚干旱中心，总面积 160 万 km^2，约占全国总面积的 1/6。其中，沙漠戈壁近半，天然森林覆盖率不到5%，草原 50 多万 km^2，可垦宜农荒地只有 13 万 km^2，耕地只有3.3 万 km^2。新疆属于温带大陆性气候，年降水量不到 250 mm，年蒸发量 1 700 mm 以上。水资源年径流量约 750 m^3，其中地下水年补充量 370 亿 m^3。水资源短缺极为严重。西部大开发，生态环境建设是根本和切入点，而新疆要进行生态建设首先要解决水的问题。如何把有限的水资源在不同用水部门之间进行优化和合理分配，在不影响正常的生产、生活用水的情况下用于发展生态环境建设，是新疆发展面临的重要研究课题。农业是用水大户，新疆农业属于灌溉农业，解决水资源短缺问题首先要从农业节水出发。发展高效、资源节约型的节水灌溉是新疆农业持续发展的先决条件，膜下滴灌技术不仅可以提高水分利用率和作物产量，而且可促进生态环境的良性发展。

新疆农八师大面积推广的大田膜下滴灌技术就是将先进的栽培方式与滴灌技术相结合，为解决新疆水资源不足的问题探索出了一条节水、高产、高效的道路。它对新疆农业起到重要的推动作用，同时也显示出巨大的发展潜力。

主 要 参 考 文 献

陈渠昌，吴忠勃，余国英，等，1999. 滴灌条件下沙地土壤水分分布与运移规律 [J]. 灌溉排水，18（1）：28-31.

陈怡，翁秀英，1984. 大豆不同结荚习性品种间杂交后代生有期分离的趋势及不同结荚习性产量分析 [J]. 大豆科学，3（1）：47-52.

董钻，那桂英，王荣先，等，1993. 大豆叶-荚关系的研究 [J]. 大豆科学，11（1）：1-7.

郭璇，2013. 不同熟期大豆磷素吸收积累规律的研究 [D]. 哈尔滨：东北农业大学.

何林望，屈陈林，2002. 新疆大田膜下滴灌技术研究与推广 [J]. 新疆农垦经济（1）：54.

金凤，2007. 大豆蚜虫防治措施 [J]. 吉林农业（3）：25.

康绍忠，蔡焕杰，1996. 农业水管理学 [M]. 北京：中国农业出版社.

孔宪萍，2009. 大豆食心虫的防治技术 [J]. 中国农业信息（11）：27-28.

李高华，刘小武，王靖，等，2013. 不同土壤条件对大豆产量的影响 [J]. 新疆农垦科技（2）：16-17.

李家鹏，2013. 生活垃圾渗滤液吸附堆肥品特性及其对植物生长的影响研究 [D]. 西安：长安大学.

李述刚，程心俊，王周琼，1997. 荒漠绿洲农业生态系统 [M]. 北京：气象出版社.

李效飞，冯化成，2000. 治理杂草的天然化合物 [J]. 世界农药，22（3）：20-24.

李莹，1984. 大豆品种产量构成因素的研究 [J]. 大豆科学，3（3）：299-314.

李永光，黄文佳，李文滨，等，2011. 大豆对草丁膦敏感性研究 [J]. 大豆科学，30（5）：749-751.

李远华，1999. 节水灌溉理论与技术 [M]. 武汉：武汉水利电力大学出版社.

刘波，苗保河，李向东，等，2007. 氮磷肥对两种品质类型大豆脂肪及其组分含量的影响 [J]. 大豆科学，26（5）：736-739.

刘拓，2005. 中国土地沙漠化及其防治策略研究 [D]. 北京：北京林业大学.

刘艳芝，王玉民，王中伟，等，2005. 大豆和苜蓿对除草剂的抗性研究 [J]. 吉林农业科学，30 (4)：22 - 24.

麻浩，田森林，李乐农，1996. 大豆高产理想株型的构成 [J]. 湖南农业大学学报，22 (3)：309 - 314.

马孝义，胡笑涛，2000. 果树地下滴灌灌水技术田间试验研究 [J]. 西北农林大学学报科技（自然科学版），28 (1)：57 - 61.

毛洪霞，2009. 不同水分处理对滴灌大豆干物质积累及生理参数的影响 [J]. 大豆科学，28 (2)：247 - 250.

毛洪霞，张富仓，何林望，等，2007. 不同灌水量对滴灌大豆产量及品质的影响 [J]. 新疆农垦科技 (6)：35 - 36.

裴东红，孙贵荒，宋书宏，等，2001. 辽宁省大豆更替品种主要农艺性状研究 [J]. 大豆科学，20 (1)：30 - 34.

邵光成，蔡焕杰，吴磊，等，2001. 新疆大田膜下滴灌的发展前景 [J]. 干旱地区农业研究 (3)：122 - 127.

田艳洪，刘元英，张文钊，等，2008. 不同时期施用氮肥对大豆根瘤固氮酶活性及产量的影响 [J]. 东北农业大学学报，39 (5)：15 - 19.

万静，许军，杨明艳，等，2012. 三种植物提取物对菟丝子及大豆生长发育和宿主保护酶活性的影响 [J]. 基因组学与应用生物学，31 (1)：63 - 69.

王连铮，2008. 国内外大豆生产形势和大豆产业化问题 [J]. 高科技与产业化 (7)：67 - 69.

王新武，高扬，李丽，等，2010. 一四八团膜下滴灌大豆高产栽培技术 [J]. 新疆农垦科技 (6)：10 - 11.

吴冬婷，2012. 磷素营养对大豆磷素吸收与产量的影响 [D]. 哈尔滨：东北农业大学.

颜景波，董艳双，2001. 大豆地膜覆盖栽培试验研究 [J]. 大豆通报 (3)：6.

于洋，2013. 不同磷素水平土壤对大豆磷素积累和产量的影响 [D]. 哈尔滨：东北农业大学.

曾秘，张亚，彭争科，等，2013. 微生物除草剂的研究现状 [J]. 江西农业学报，25 (2)：40 - 43.

赵洪彦，薛薇，2008. 危害大豆的主要害虫及其防治措施 [J]. 现代农业科技 (6)：94 - 96.

A gars J E, Phene C J, Hutmacher R B, et al, 1999. Subsurface drip irrigation of row crops：a review of 15 years of research at the Water Management Research Laboratory [J]. Agricultural Water Management，42 (1)：1 - 27.

图书在版编目（CIP）数据

膜下滴灌大豆栽培 / 宋晓玲，银永安主编．—北京：
中国农业出版社，2021.6
ISBN 978 - 7 - 109 - 28203 - 2

Ⅰ.①膜… Ⅱ.①宋… ②银… Ⅲ.①大豆—地膜栽
培—滴灌 Ⅳ.①S565.171

中国版本图书馆 CIP 数据核字（2021）第 082820 号

中国农业出版社出版

地址：北京市朝阳区麦子店街 18 号楼
邮编：100125
责任编辑：廖　宁
版式设计：杜　然　责任校对：吴丽婷
印刷：中农印务有限公司
版次：2021 年 6 月第 1 版
印次：2021 年 6 月北京第 1 次印刷
发行：新华书店北京发行所
开本：880mm×1230mm　1/32
印张：4.75　　插页：1
字数：200 千字
定价：39.00 元
